HANS DONAT — KLEINE BOOTE SELBST GEBAUT

Selbst- und Einzelbau

Selbst- und Einzelbau haben sich in den letzten beiden Jahrzehnten sehr verändert. Der Selbstbau bis in die fünfziger Jahre war in erster Linie darauf ausgerichtet, mit möglichst einfachen Mitteln und Material minderer Qualität viel Geld zu sparen. In den letzten 20 Jahren hat eine Wandlung stattgefunden, zum Positiven wie ich meine.

Heute steht das Sparen von Geld nicht mehr ganz im Vordergrund. Die Motivation zum Selbstbau hat sich in Richtung Sport und Hobby verschoben. Man sieht mehr denn je im Selbstbau eine Freizeitbeschäftigung, deren Werte nicht nur im späteren Fahren, sondern in hohem Maße im Bau selbst liegen.

Auf diese Weise entstehen heute qualitativ vorzügliche Einzelbauten, begünstigt durch die technologische Entwicklung und speziell für Selbstbauer gezeichnete Pläne.

Gleichzeitig hat sich der Einzelbau auf Werften durch die Revolutionierung des Materials über die Kunststofftechnologie so weit verändert, daß er nur noch für eine Minderheit in Frage kommt. Das Resultat ist, 95% aller Boote sind Serienboote.

Wer kein Boot von der Stange will, muß entweder sehr viel Geld ausgeben oder zum Selbstbau greifen.

Dennoch läßt sich die pädagogisch und schöpferisch wertvolle, den Streß abbauende Freizeitbeschäftigung mit der angenehmen Begleiterscheinung eines finanziellen Erfolges verbinden, wenn man den optimalen Weg, die richtige Baustufe, als Ausgangspunkt wählt. Die Grafik auf der folgenden Seite zeigt dies.

Viele Analysen von Selbstbauten ergeben übereinstimmend das gleiche Bild, wobei es gleichgültig ist, von welcher Baustufe man ausgeht.

Der Selbstbauer erarbeitet mit jeder Stunde ca. $1/3$ des Geldes, das er im Durchschnitt für eine Werftstunde bezahlen müßte.

Dieses Verhältnis erklärt auch die Veränderung zu qualitativ besseren Selbstbauten. Die Arbeitszeit wird nicht geldgebunden in die Entscheidung eingesetzt. Das Erlebnis des Selberbauens und der Wunsch, kein Boot von der Stange zu besitzen, gewinnen in dem Maße an Bedeutung, in dem die Konsumyacht die Reviere erobert.

Ein weiterer wichtiger Aspekt ist der Erfahrungsaustausch zwischen Erbauer und Konstrukteur. Spitzenskipper sind auf der Suche nach einfachen Baumethoden, um sich der Kurzlebigkeit einer Champion-Yacht in den Materialschlachten um Pokale besser anpassen zu können.

Fahrtenskipper bereichern mit ihrem Erfahrungsschatz die Weiterentwicklung von Schiffen. Der Serienbau ist träge. Die Wandlungsfähigkeit im Einzelbau ist von Schiff zu Schiff gegeben. Auf diese Weise hat der Selbstbauer die Möglichkeit, immer das zu erarbeiten, was seinen persönlichen Vorstellungen am nächsten liegt.

Als Maximum finanzieller Einsparung ist 60% des Werftendpreises zu sehen. Die Werte sind aber nicht real, sie gelten nur für ganz wenige

Selbstbaumöglichkeiten auf einen Blick. Totaler Selbstbau, d. h. auch den Rumpf ▶
*selbst zu bauen, ist für Amateure bis ca. 6 m Länge vertretbar. Darüber hinaus,
vor allem für Kajütboote, ist der Ausbau eines fertig gekauften Rumpfes mit
Deck, Aufbauten, Ruder und eingebautem Stevenrohr zu empfehlen.*

Weiße Flächen = Bauart bis Ende Pfeil zu empfehlen.
Graue Flächen = Bauart in der entsprechenden Länge nicht zu empfehlen.

*Die genannten %-Zahlen sind die unter günstigsten Bedingungen erreichbaren
Maxima. Von diesen Zahlen lassen sich keine direkten Rückschlüsse auf die
Kosten der Baustufen ziehen. Der Holzaus- und Weiterbau gehört zu den
lohnintensivsten Arbeiten, was von vielen Werften leider noch nicht an den Käufer weitergegeben wird.*

Zu jeder der genannten Bauarten finden Sie im entsprechenden Kapitel Näheres.

(1) %-Zahlen auf genähtes Boot vergleichbarer Art und Größe bezogen.

(2) %-Zahlen nicht mit (6) vergleichbar.

(3) %-Zahlen nicht auf 100% eines vergleichbaren Bootes gleicher Bauart bezogen. (Es handelt sich um Durchschnittswerte.)

Bauart	aufzuwendende Zeit in %	Länge m → 4 5 6 7 8
Totaler Selbstbau		
genähter Knickspanter	100	④ ⑤
geplankter Knickspanter	150	
Kunststoff (positiv)	160	① RFK, C-Flex beschichten mit GFK
Kunststoff (negativ)	130	nur mit guter Leihform ⑥
Stahl	100	② nur Stahlfachleute besonders Schweißer
Ferro-Zement	100	nur Fachleute ab 10m
Weiterbau mit Halbfabrikaten		
Baupaket	+80	
Baukästen	–50	nur gute
Schale (Kunststoff)	50	sofern zu haben ⑦
Schale (Formverleimt)	50	③ ⑧ wenig Auswahl
Kunststoffboote in Einzelteilen	–80	Einschränkungen!
Rumpf mit Deck und Aufbau ⑨	+50	bringt nichts! Ausbau von Bootsrümpfen
Bauart	aufzuwendende Zeit in %	Länge m → 4 5 6 7 8

(4) Außenhautteile werden zu groß, zu dick und haben sehr viel Spannung.

(5) Unter Umständen schwach motorisierte Motor-Kajütboote.

(6) Nur unter ständiger Beratung und in geheizten Räumen.

(7) Sehr problematisch, da Stringer, Weger, Wrangen und andere Verstärkungen meist selbst einlaminiert werden müssen.

(8) Vorwiegend qualitativ sehr gute Klassensegelboote.

(9) Für den normalen Selbstbauer der optimale Weg, mit geringstem Risiko einen sicheren Kreuzer aus GFK, Stahl oder formverleimt zu bauen (siehe Seite 159). Zu empfehlen ist der zusammengebaute Rumpf mit Deck, Aufbauten, stark belasteten Beschlägen, eingebauten Stringern und sonstigen Verstärkungen sowie Kiel, Ballast, Ruder und Stevenrohr.

Spezialisten. 50% sind als ausgesprochen guter Erfolg zu sehen, wenn man nur die Baupläne kauft und das Material mit Rabatt durch Kauf im Paket erwirbt. Je nachdem, welche weitere Baustufe man wählt, man erarbeitet pro Stunde etwa 10 DM.

Bootsmarkt für Selbstbauer

Nach einer gründlichen Analyse läßt sich zusammenfassend folgendes sagen:
Die größten Gruppen total selbstgebauter Boote sind zur Zeit Segeljollen sowie Ruder- und Beiboote.
Motorboote bieten, so weit es sich um Gleiter handelt, mit dem Rumpfbau ziemliche Schwierigkeiten, so daß der Selbstbauer besser beraten ist, einen Kunststoffrumpf zu kaufen und mit einem Sperrholzdeck zu versehen.
Kanus (Kajaks und Canadier) werden aufgrund ihres „relativ" niedrigen Endpreises nur in Ausnahmefällen selbstgebaut, obwohl Kanus für Fahrtensport im Selbstbau viele Reize bieten. Leider existieren keine modernen Pläne.
Sportruderboote haben ein so hohes Niveau erreicht, daß die dadurch entstehenden Bauprobleme vom Amateur nicht zu bewältigen sind.
Kajütboote werden nur von einer kleinen Minderheit ganz selbst gebaut. Das Risiko, große Rümpfe selbst herzustellen, ist für Amateure relativ groß, die Bauzeit extrem lang. Deshalb steht der Ausbau von Bootsrümpfen (siehe Grafik auf der vorhergehenden Seite) im Vordergrund.
Die normale Laufbahn des Selbstbauers beginnt mit kleinen offenen Booten. Der Markt hat sich auf diese Tatsache voll eingestellt. In den letzten Jahren ist ein halbes Dutzend kleiner genähter Boote entstanden, die in hundert bis hundertzwanzig Stunden fertigzustellen sind.
Selbstbauboote, die Ausgangspunkt dieses Buches sind, finden Sie mit technischen Daten im Quellenverzeichnis.
Die Entwicklung von Baupaketen, Baukästen und anderen Halbfabrikaten ist in vollem Gang, und immer mehr Konstrukteure zeichnen Boote, die keine großen handwerklichen Anforderungen stellen.

Voraussetzungen zum Bau

Bauunterlagen

Was Sie zum Verstehen dieses Buches und zum Bauen eines jeden Bootes brauchen, ist das Lesen von Zeichnungen (Rissen). Je besser Sie damit umgehen können, um so leichter werden Ihnen später die Wahl des Typs und der Bau selbst fallen. Schon beim Kauf der Pläne werden Sie in der Lage sein herauszufinden, ob diese an chronischem Mangel von Details leiden, was Sie beim Bau in die ersten Schwierigkeiten stürzen würde.

Ich habe dieses Kapitel absichtlich mit „Bauunterlagen" überschrieben, da es eigentlich als selbstverständlich gelten sollte, daß man mit dem Kauf der Baulizenz und der Baupläne auch einen Materialauszug und eine Bauanleitung erwirbt. Weit gefehlt!

● *Wie entstehen Baupläne?*

Um einen Körper ohne Verzerrung zweidimensional darstellen zu können, wird er aus drei Richtungen gesehen gezeichnet (Abb. siehe nächste Seite).

Um die einzelnen Punkte in der Außenhaut festzulegen, werden Schnittebenen durch das Boot gelegt. Die Linie, die durch den Schnitt der Ebene mit der Außenhaut entsteht, wird dann in den drei Ansichten eingezeichnet. Auf diese Weise ergibt sich ein Netz von Linien, in dem die Außenhaut zeichnerisch festgelegt ist, das man als Linienriß bezeichnet.

Während der Linienriß für die Beurteilung eines Bootes von größter Bedeutung ist (sofern man ihn lesen kann), spielt er für den Bau eines Bootes nur eine untergeordnete Rolle.

Beim Bau wird die Bootsform aus den richtig bemessenen Spanten, Schotten und den strakenden Wegern festgelegt oder durch eine Form bzw. einen Kern bestimmt. Dazu braucht man die Bauzeichnungen.

● *Bauzeichnungen*

Der Bauplan soll den Erbauer in die Lage versetzen, ein bestimmtes Boot nach diesen Zeichnungen herstellen zu können. Es leuchtet ein, daß ein Bootsbauer dazu weniger ausführliche Pläne braucht als ein Amateur. Der Profi hat den Bootsbau in vielen Jahren als Handwerk erlernt, Details sind ihm vertraut. Er weiß, wie er Holzteile in den Ecken eines Bootes verbinden muß. Einem Laien jedoch, bereiten solche Details erhebliche Kopfschmerzen.

Das sollte ein Konstrukteur berücksichtigen, wenn er ein Boot für eine Werft oder für Amateure, d. h. für den Selbstbauer, zeichnet.

Dieser Mangel in den Plänen wird dem unvoreingenommenen Käufer jedoch erst klar, wenn er mitten im Bau steckt. Zu dieser Zeit sind die Pläne gekauft, und der Konstrukteur ist weit weg.

Um diese Hürde früh genug zu nehmen, muß man von Plänen zumindest so viel verstehen, daß man sie in relativ kurzer Zeit überblicken kann. Niemand jedoch darf erwarten, daß ein Konstrukteur Pläne zur Ansicht verschickt. Das ist des Konstrukteurs gutes Recht, denn auf keinem Sektor wird mehr abgeguckt und geklaut als hier.

So entstehen technische Zeichnungen.
Oben: Räumliche Körper müssen auf Papier zweidimensional dargestellt wer- ▶
den. Dies geschieht mit der sogenannten Parallelprojektion aus drei im rechten Winkel zueinanderstehenden Blickrichtungen. D. h. der Körper, hier ein Boot, wird, genau von querab gesehen, auf die dahinterbefindliche Wand (1) gezeichnet. Dasselbe macht man genau von oben (2) und von hinten (3).

Die so entstehenden Risse bezeichnet man in Ebene 1 (grau) als Aufriß, Längsriß usw.; in Ebene 2 (weiß) als Grundriß, Draufsicht, Decksplan usw. und in Ebene 3 (schwarz) als Kreuzriß, Spantriß usw.

Unten: Klappt man diese Ebenen in die Waagerechte, dann hat man alle drei Ansichten auf einem Blatt. Die dünnen Linien zeigen die Verbindung zwischen den drei Rissen. Je nach Beschaffenheit des dargestellten Körpers, muß dieser mehrmals geschnitten werden, um auch den inneren Aufbau darstellen zu können. Zu diesem Zweck legt man gedachte Schnittebenen an den entsprechenden Stellen durch das Objekt und zeichnet die durch den Schnitt entstehende Ansicht. Das geschieht so, daß zumindest in einem Riß die Ebene als Linie erscheint, in einem anderen die geschnittene Fläche zu sehen ist.

Im gezeigten Beispiel ist S-S ein Spannschnitt (die Pfeile zeigen die Blickrichtung an). Im Längsriß und im Grundriß ist die Schnittebene als Linie zu sehen.

Im Spantriß würde man die Schnittfläche darstellen (hier ist sie gleich im Längsriß in die Ebene gedreht). Der im Längsriß eingezeichnete Horizontalschnitt H-H zeigt sich im Grundriß (gestrichelt), und der Längsschnitt L-L, der genau in Bootsmitte durchgeführt wurde, entspricht hier dem Umriß des Bootes genau von der Seite gesehen.

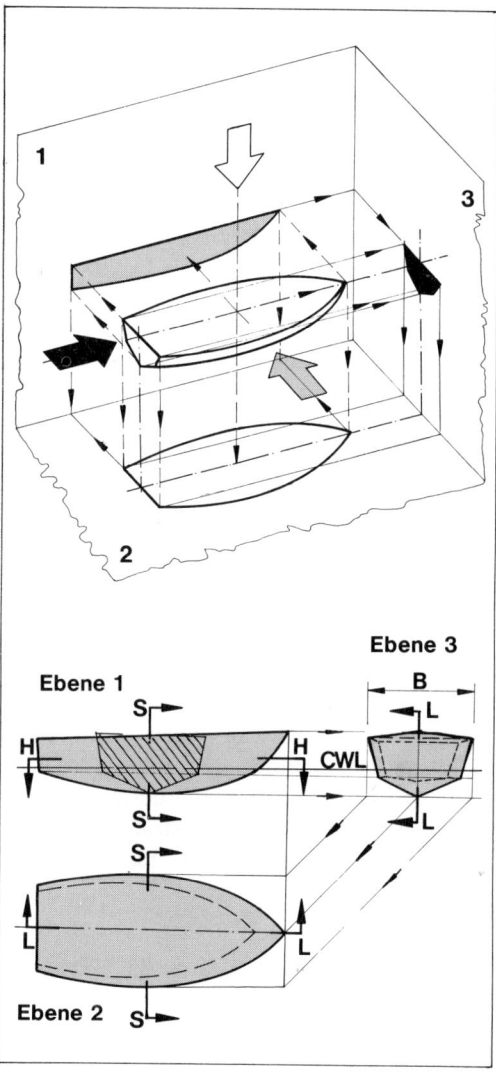

13

Das Käuferrisiko bei Bauunterlagen für kleinste Boote ist nicht sehr groß. Doch der Bau ist in Frage gestellt, wenn sie nicht vollständig sind.

Natürlich unterscheiden sich die Baupläne von Booten, die in einer Form oder auf einem Kern gebaut werden, von denen, die auf Spanten geplankt oder genäht sind. Doch sie sind nach dem gleichen Prinzip aufgebaut.

Baupläne sollten sich mindestens aus folgenden Teilen zusammensetzen:

● *Bauzeichnungen (Übersicht)*

Der Bauplan (Abb. rechts) soll aus mindestens drei Rissen bestehen: dem Längsschnitt, einer Draufsicht (ohne Deck) und mehreren Spantschnitten. Er muß die Hauptabmessungen aller größeren Bauteile wie Spanten, Schotten, Kiel, Weger usw. enthalten. Ferner muß hier oder in einer getrennten Zeichnung die Lage der Spanten zur Wasserlinie vermaßt sein. Für den Amateur sind vermaßte Spanten die beste Lösung.

Es gibt die sogenannte Aufmaßtabelle, die bezieht sich, wenn nichts anderes gesagt wird, bei Holzbooten auf Außenseite-Planken. Man muß deshalb die Plankenstärke abziehen, sofern keine Spantabmessungen vorhanden sind. Bestehen auch nur die leisesten Zweifel, muß beim Konstrukteur rückgefragt werden.

Man muß bei allen Bauplänen in Betracht ziehen, daß Konstrukteure möglichst rationell arbeiten, und es ist üblich, symmetrische Teile, wie Spanten, Schotten, Rumpf-Draufsichten und Deckspläne nur halbseitig zu zeichnen. Die Mittellinie (strich-punktiert) deutet die Symmetrie an.

Für den Amateur reicht diese Übersicht noch nicht, er braucht Details.

Baupläne am Beispiel eines Plattboden-Dingis von etwa 3,30 m Länge zum ▶
Rudern. Die Übersichtszeichnung von Bauplänen besteht mindestens aus einem in der Bootsmitte durchgeführten Längsschnitt, einer Draufsicht ohne Deck (obere Hälfte) und einem Decksplan (untere Hälfte) sowie den Spantschnitten. Die

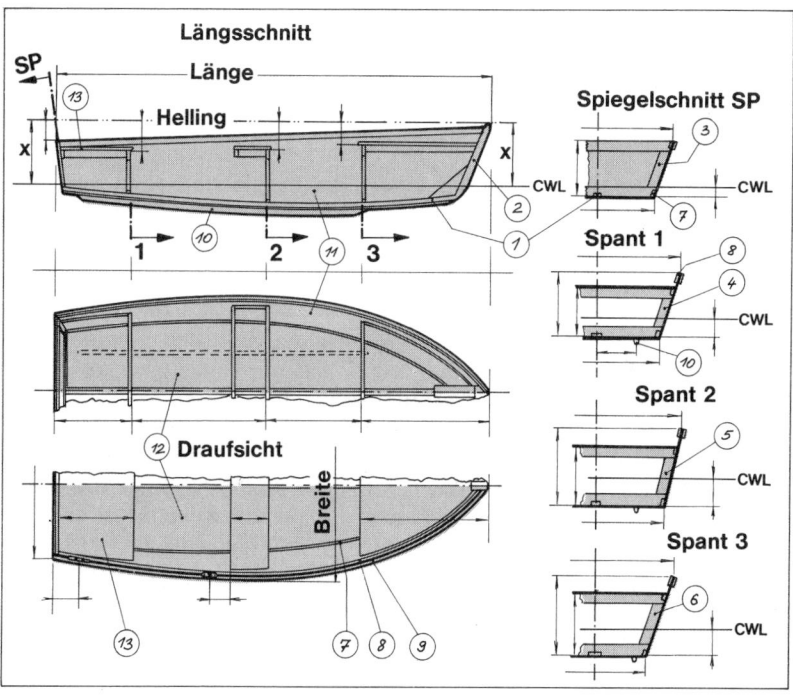

Spanten sind die Bauspanten, die meist nicht mit den Konstruktionsspanten des Linienrisses identisch sind. Soweit es sich um symmetrische Teile handelt, sind diese nur halb gezeichnet. Die strichpunktierte Mittellinie deutet dies an. Die Haupt- und Spantmaße sowie der Bezug zur Helling sind vorhanden. Durch den Pfeil SP ist angedeutet, daß der Spiegelschnitt, in die Ebene gedreht, dargestellt ist. Die Pfeile 1, 2, 3 zeigen, von welcher Seite die Spanten gesehen sind. Die Spanten werden immer von der großen Seite, der Mallseite, gezeichnet, dementsprechend sind sie auch vermaßt. Ist der Bezug zur Helling nicht gegeben, kann man aus den Bezugsmaßen der Spanten zur Konstruktionswasserlinie (CWL) in den Spantschnitten die Lage der Helling selbst ermitteln. Man baut grundsätzlich parallel zur CWL (siehe Maß XX im Längsschnitt).

Mit dieser Zeichnung ist die Bootsform festgelegt. Es ist aber noch keine Aussage über Material, Dimensionierung und die Details gemacht. Deshalb müssen die Baupläne noch Detailzeichnungen und eine Stückliste enthalten.

● *Detailzeichnungen*

Die Details werden vorwiegend in Schnitten dargestellt. Sie sollten in Maßstäben 1:1, 1:2,5 oder höchstens 1:5 gezeichnet sein. Wie sie entstehen, zeigt die Abbildung rechts. Es gibt zwei Arten der Bezeichnung: Entweder sind in den Zeichnungen Positionszahlen eingetragen, d. h. die einzelnen Teile werden mit einer Zahl bezeichnet, dann muß eine Stückliste vorhanden sein, in der zu den jeweiligen Bauteilen Angaben über Material und Dimensionen gemacht sind, oder es werden die Angaben direkt in die Zeichnung eingetragen.

Um die Baupläne abzurunden, gehört für eingedeckte Boote noch ein Decksplan dazu, in dem die Beschläge angegeben und vermaßt sind. Hat das Boot Segel, Motor, Schaltung, E-Anlage, Tanks usw., so sollten auch von diesen Bauteilen Details und Maße nicht fehlen.

Detailzeichnungen entscheiden, wie leicht einem der Bau von der Hand geht. ▶
Fehlen sie, muß man selbst eine Lösung suchen, improvisieren. Es ist aber keineswegs notwendig, daß Details besonders zahlreich sind. Eine gut durchdachte Konstruktion kann vieles in einer Skizze zusammenfassen. Hier ganz klein noch einmal die Übersicht. Folgende Details sind zum Bau notwendig:
1 = Verbindung der Kimm; 2 = Verbindung der Slipleiste; 3 = Süll/Ducht;
4 = Kiel; 5 = Spiegel/Kimm; 6 = Spiegel/Süll/Achterducht; 7 = Spiegel/Kiel;
8 = Kiel/Steven; D = Schnitt durch Ducht; S = Querschnitt des Stevens.

Detail 1, 2, 3 und 4 sowie Schnitt D-D sind zur Demonstration herausgezogen. Detail 1 zeigt alle Einzelheiten der Kimmverbindung: Stumpfgestoßener Spant, Boden und Seitenplanke mit Kimmweger vernagelt. Zur Verstärkung des stumpfgestoßenen Spants einseitige Lasche. Analog dazu findet man in der Stückliste Art und Abmessung des Materials (Teilnummern 1—6). Häufig fehlt diese, und der Konstrukteur schreibt die Angaben in die Zeichnung (s. Schnitt D-D). Für den Fachmann ist somit alles klar. Für den Anfänger müßte jetzt noch in der Bauanleitung stehen: Alle Spanten sowie Spiegelverstärkung stumpfgestoßen und einseitig jeweils von Innenkante Leistenstoß 100 mm weit mit Sperrholz (6 mm) gelascht. Alle Verbindungen werden mit Resorcin-Harz-Leim verleimt und zur Pressung mit nichtrostenden Schraubnägeln (15 x 1,5) genagelt usw.

Um Platz zu sparen, werden die Details dort, wo es nicht mehr wichtig ist, abgeschnitten. Dies geschieht entweder mit Bruchlinien (a) oder mit dünnen, strichpunktierten Schnittlinien (b).

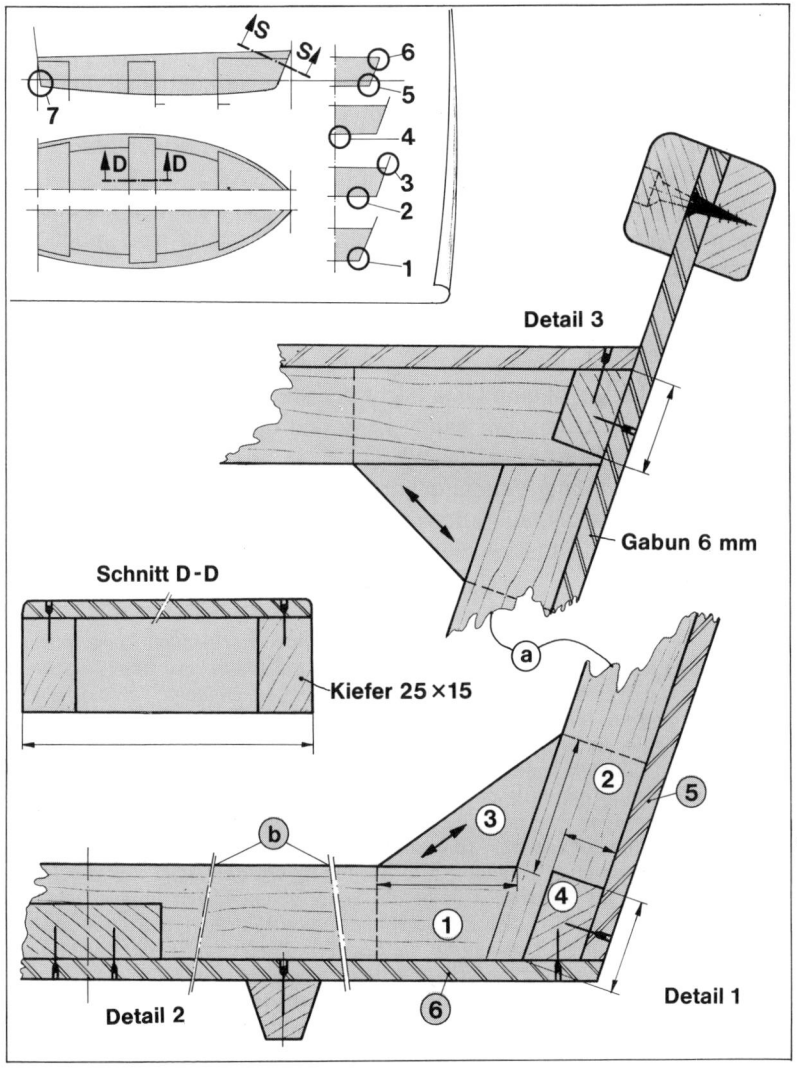

Detail 3

Gabun 6 mm

Schnitt D-D

Kiefer 25 × 15

Detail 2

Detail 1

Für alle großflächigen Bauteile, die aus Platten gebogen sind, muß eine Abwicklung vorhanden sein. Das sind Zeichnungen, in denen die gekrümmten Teile in eine Ebene geklappt und so vermaßt sind, daß man sie aussägen kann (Decks, Schotten und bei Knickspantern die Außenhautteile). Ohne diese Abwicklungen sollten Sie Baupläne nicht kaufen.

Jetzt könnte man das Boot nach den vorliegenden Zeichnungen bauen, hätte man das entsprechende Material, und das muß man möglichst wirtschaftlich beschaffen. Die beste Voraussetzung dafür bietet der Materialauszug.

● *Materialauszug*

Ein Materialauszug ist eine Liste (nicht die Stückliste), mit der man zum Holzhändler, Ausrüster usw. gehen kann und dort „im Paket" das einkauft, was man für das Boot braucht.

Für Konstrukteure oder Verkäufer von Bauplänen ist dies eine einmalige Arbeit. Für den Selbstbauer, der ja kein Materiallager hat, ist das Fehlen einer solchen Liste eine ziemliche Katastrophe, vor allem deshalb,

Schnittpläne sind wirtschaftliche Zusammenstellungen der großen Sperrholzteile ▶
eines Bootes auf ganze und halbe Platten. Wenn die Platten vor dem Zerschneiden geschäftet werden sollen, wie in dem gezeigten Beispiel, ist dies durch Maße festzulegen. Schnittpläne sollten Bestandteil eines jeden Bauplans für Selbstbauer sein. Es ist keineswegs notwendig, die Teile darauf zu vermaßen. Das muß man ohnehin später auf der Platte im Maßstab 1:1 machen. Die Maße der abgewickelten Teile müssen aber irgendwo vorhanden sein. Eindeutig muß daraus hervorgehen, wie die Einzelteile auf die Platten aufgerissen werden sollen. Diese Hilfestellung des Konstrukteurs verhindert zu großen und unwirtschaftlichen Verschnitt. Es handelt sich wiederum um das Dingi aus der Übersichtszeichnung. Der Schnittplan zeigt die Seitenplanken, den Spiegel und die Ruderducht auf einer Platte, an die noch eine halbe Platte angeschäftet ist. Aus den Resten sägt man die Laschen für die Spanten. Zur Vollständigkeit fehlt noch ein Schnittplan mit der Bodenplatte und den Abdeckungen für Vor- und Achterschiff, der ebenfalls aus eineinhalb Normalplatten besteht. Im Materialauszug müßte dann z. B. stehen: 2 x eineinhalb Normalplatten geschäftet wie Schnittplan, Gabun 6 mm (5fach).

weil kaum jemand konsequent genug die Pläne so weit durchackern kann, daß er wirklich „im Paket" einkaufen könnte.

Wird der Materialauszug, und er fehlt bei den meisten Bauunterlagen, nicht vor dem Bau erarbeitet, verlängert man die Bauzeit bis zu 50%, und die Kosten für zusätzliche Wege steigen sehr schnell über den Werftendpreis eines vergleichbaren Bootes.

Was gehört zu einem Materialauszug:

1. Schnittpläne für Sperrholzteile (Abb. unten), d. h. alle Sperrholzteile sind wirtschaftlich auf ganze oder halbe Platten verteilt.

2. Alle Massivholzteile z. B. Leisten in 3—4 m Längen nach Querschnitt zusammengefaßt (Kiefer, Gabun oder Mahagoni 15 x 25, 3 Längen à 4 m usw.).

3. Alle Nägel und Schrauben.

4. Harz, Leim, Farben usw. mit Mengenangaben.

5. Beschläge, Scheuerleisten usw.

6. Motor mit Zubehör, Rigg mit Zubehör usw.

Zu diesen Punkten gehört noch ein Bezugsquellennachweis, d. h. Adressen, wo und wie man die Teile kaufen kann.

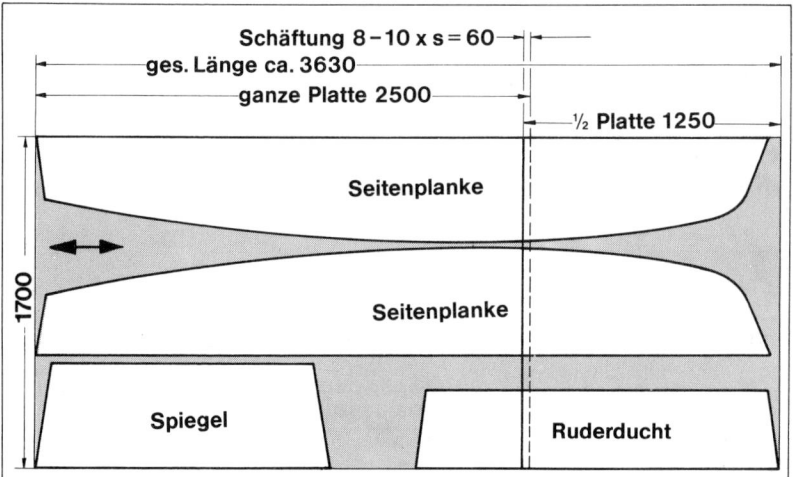

Der Idealfall: Es gibt Konstrukteure (sehr selten), die sogar mit bestimmten Firmen Rabatte abgemacht haben. In diesen Fällen gestaltet sich die Materialbeschaffung sehr einfach. Das geht so weit, daß man einfach sagt, ich möchte Bausatz sowieso, bekommt alle Teile in einem Paket und zwar ohne zusätzliche Kosten.

Fehlt der Materialauszug in den Bauunterlagen, muß man ihn selbst erarbeiten. In dieser Situation kann man glücklich sein, wenn man eine vollständige Stückliste vorfindet. Daraus kann man mit einiger Sorgfalt einen guten Materialauszug zusammenstellen (Grafik rechts).

Stückliste

Teil Nr.	Stück-zahl	Bezeichnung	Material		Bemerkung
1	1	Kielleiste	Kiefer	40 x 15 x 3500	
2	1	Stevenleiste	Kiefer	40 x 30 x 500	
3	1	Spiegelrahmen	Kiefer	25 x 15 x 3000	xo
4	1	Spant 1 (Rahmen)	Kiefer	25 x 15 x 3500	x-
5	1	Spant 2 (Rahmen)	Kiefer	25 x 15 x 4000	x
6	1	Spant 3 (Rahmen)	Kiefer	25 x 15 x 3000	xo
7	2	Kimmleiste	Kiefer	25 x 15 x 3400	xx-
8	2	Weger	Kiefer	30 x 15 x 3600	
9	2	Scheuerleiste	Mahagoni	30 x 15 x 3600	
10	2	Slipleiste	Mahagoni	15 x 15 x 2800	
11	2	Seitenplanken	Gabun 6 mm (5-fach) 3600 x 500		
12	1	Bodenplanke	Gabun 6 mm (5-fach) 3300 x 1200		
13	1	Abdeckung Ducht (achtern)	Gabun 6 mm (5-fach) 1300 x 450		
14		usw. c., d., in Materialauszug			

Materialauszug:

a.) Leisten	Kiefer	25 x 15, 2 Längen à 3000
		25 x 15, 3 Längen à 3500
		25 x 15, 1 Länge à 4000
		40 x 15, 1 Länge à 3500
		40 x 30, 1 Länge à 500
		30 x 15, 2 Längen à 3600
	Mahagoni	30 x 15, 2 Längen à 3600
	Mahagoni	15 x 15, 2 Längen à 2800

b.) Sperrholz 2 x je 1¹/₂ Platten (2500 x 1700)
Gabun 6 mm (5-fach), s. Schnittpläne

c.) Hier müssen genaue Angaben über Leim, Farbe, Nägel, Schrauben usw. gemacht werden. Wichtig sind auch Mengenangaben.

d.) Beschläge. Hier müssen alle Beschläge mit Abmessungen und Materialangaben aufgeführt sein, damit man zum Ausrüster gehen kann, um alles in einem Kauf zu beschaffen.

◄ *Stückliste (links) und Materialauszug (oben) am Beispiel des Ihnen schon aus den vorangegangenen Skizzen bekannten Dingis. Dies ist nur ein sehr einfaches Beispiel. Größere Boote haben 100 und mehr Teile.*

Richtig ist eine Stückliste, wenn die Bauteile so bezeichnet sind, daß die Numerierung etwa der Baufolge entspricht, und Bau- sowie Materialgruppen nicht zu weit auseinanderstehen. In dem gezeigten Beispiel ist bereits eine Vereinfachung in Richtung Materialauszug gemacht. Die Rahmen der Spanten bestehen aus vier Teilen. Sie sind in der Stückliste nur als ein Teil mit der entsprechenden Leistenlänge zusammengefaßt. Das erleichtert den Materialauszug.

Mit der Stückliste kann man nicht losziehen und das Material kaufen. Der Materialauszug erst macht dies möglich. Er faßt alle Teile aus gleichem Material und Querschnitt zusammen:

a) = Leisten; b) = Sperrholz; c) = Leim und Farbe, Nägel sowie Schrauben; d) = Beschläge usw.

Wenn Sie keinen Materialauszug in Ihren Bauunterlagen vorfinden, können Sie wie folgt vorgehen:

Mit verschiedenen Zeichen markieren Sie die Teile gleichen Materials und Querschnitts (s. Spalte Bemerkungen) und fassen diese zu handelsüblichen Paketen zusammen.

Ist auch keine Stückliste vorhanden, sollte man den Kauf der Pläne ablehnen, denn diese zu erarbeiten bedeutet, alle Einzelteile des Bootes zu numerieren und daraus eine Stückliste zusammenzutragen, was eigentlich nur dem Konstrukteur 100%ig gelingen kann.

● *Baubeschreibung*

Eine Baubeschreibung sollte ebenfalls normaler Bestandteil eines Bauplanes für Selbstbauer sein. Leider gehört sie zu den Sonderfällen.

Es geht gar nicht so sehr darum, daß der Konstrukteur erklärt, wie man richtig leimt oder malt. Die Baufolge, der Umgang mit großen Bauteilen und die Herstellung von besonders schwierigen Elementen sind von Bedeutung. Ich gehe hier nicht im einzelnen darauf ein. Sie finden alle nötigen Details in den folgenden Abschnitten.

Bauplatz und Werkstatt

Zum Bau eines Bootes braucht man einen Raum, der um das Boot herum mindestens 80 cm Platz bietet, und eine Werkbank, auf der man die einzelnen Baugruppen wie Spanten usw. bearbeiten kann.

Eine besondere Situation ergibt sich in dem Augenblick, wenn das Boot nicht mehr in die Garage paßt. Dieser Fall tritt schon dann ein, wenn man ein kleines Kajütboot baut. Der Rumpf paßt noch rein, der Kajütaufbau wird zu hoch (Torhöhe ca. 2 m). Dann müßte man sich logischerweise wie in der Skizze rechts helfen. In dem Augenblick jedoch kann die Baubehörde, die Hausversicherung oder die Feuerwehr ein Wort mitreden. Im allgemeinen wird es kaum jemandem auffallen. Man muß jedoch dann damit rechnen, wenn der Bau im Vorgarten vor sich geht, und das Boot sowie das Zelt direkt auf dem Boden stehen bzw. wenn das Zelt direkt an eine Wand angebaut wird, die Fenster zu Wohnräumen hat.

Die Einwände seitens der Behörden sind: Übergreifen eines Brandes auf das Wohnhaus; die Tatsache, daß der Vorgarten gärtnerischen Zwecken vorbehalten ist, und daß eine Lärmbelästigung der Nachbarn nicht auszuschließen sei.

Anders liegt der Fall, wenn das Boot auf dem Hänger oder Slipwagen steht, und das Zelt nicht den Boden berührt. „Ausrüsten" darf man sein Boot vor dem Haus.

Für Boote ohne Kajüte bis ca. 5 m Länge bietet die Garage in Verbindung mit einem Hobbyraum ideale Voraussetzungen zum Bau.

Wenn Ihnen z. B. eine Garage zur Verfügung steht, sollten Sie die Arbeiten in nachstehender Reihenfolge durchführen, um nicht durch mangelnde Organisation in Platzschwierigkeiten zu kommen (im Prinzip für alle Einzelbauten gleich — sei es aus Holz oder Weiterbau von Kunststoffbooten mit Holzdecks):

1. Anreißen
2. Aussägen der Sperrholzteile und aller anderen Einzelteile
3. Bau der Spanten
4. Bau der Helling und Aufstellen der Spanten (Form bei GFK)
5. Planken
6. Deck und Einbauten
7. Schleifen und Malen.

Für Boote bis ca. 5 m Länge und ohne Kajüte ist die Garage groß genug.
(1) Ist das Boot länger, kann man sich mit einem kleinen Zeltvorbau behelfen und baut den Rumpf in der Garage. Zum Umdrehen wird er ins Freie gezogen.
(2) Mit Kajüte stellt man das Boot bis zum Kajütschott in die Garage.
(3) Den Kiel kann man unter Umständen im Boden versenken.
Wie man eine Garage zum idealen Bauplatz umbaut, s. nächste Seite.

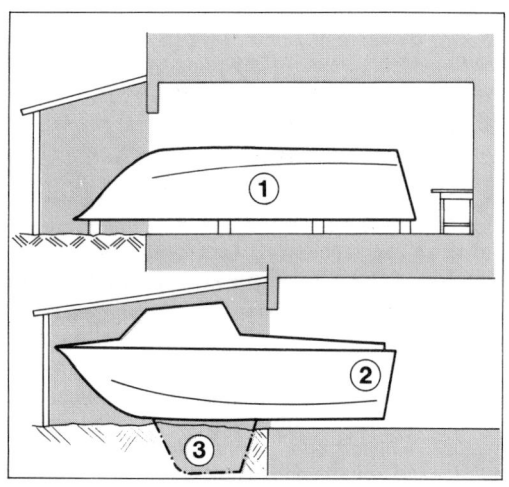

Das Anreißen und Aussägen der Außenhaut und Decks beansprucht den gesamten Raum. Sind die Sperrholzplatten entsprechend zersägt, gibt es Luft. Die Spanten lassen sich auf einer relativ kleinen Werkbank bauen und auf einer Platte am Fußboden verleimen. Steht erst einmal die Helling, ist der Platz stark eingeschränkt.

Die folgenden Skizzen zeigen, welche Vorbereitungen zum reibungslosen Bau gehören und mit welchen Hilfen man sich die Arbeit erleichtern kann. Eine starke Werkbank aus Bauholz ist sehr leicht selbst zu bauen. Das spart nicht nur einige hundert Mark, es ist auch ein gutes Training. Wenn es sich nicht nur um ein Provisorium handeln soll, nimmt man statt Nägel zumindest teilweise Schrauben und verbindet die Beine mit den Querstreben durch Überplattung oder Schlitze mit Zapfen. Zum Verleimen reicht hier normaler Tischlerleim.

So wird die Garage zum optimalen Bauplatz. Garagen sind 5—7 m lang, 3—4 m ▶
breit und 2,50—2,80 m hoch. Eingezeichnet sind ein Boot (1) von 4,50 x 1,90 m und die zusammengeschäftete Platte für die Außenhautteile (2) mit den Abmessungen 4900 x 1700 (zwei Normalplatten 2500 x 1700).

Um Platz zu schaffen, ist ein Seilzug mit zwei Querbalken an der Decke (3) montiert, dort kann man die Leisten für Kiel, Weger und Spanten sowie für die zugesägten Außenhautteile lagern. Später hat man gleich einen Winterlagerplatz für das Boot. Um Farbe, Beschläge usw. stauen zu können, baut man in 1,80 m Höhe Borde an die Wände (4). Auch sie können später bleiben, schaffen viel Stauraum, und unten hat man die volle Bewegungsfreiheit.

Zum Aufreißen der Spanten braucht man eine dicke Platte (5). Spanplatten sind am preiswertesten. Um Arbeitshöhe beim Anreißen zu erreichen, stellt man die Platte auf zwei Böcke (6).

(7) In jeder Werkstatt sollten ein Thermometer und ein Hygrometer hängen. Bei Temperaturen unter 10° C und einer Luftfeuchtigkeit über 80% wird nicht mehr geleimt, laminiert oder gemalt. Sie tun sich und Ihrem Schiff einen Gefallen. Die Skizzen auf den folgenden Seiten zeigen entsprechende Details.

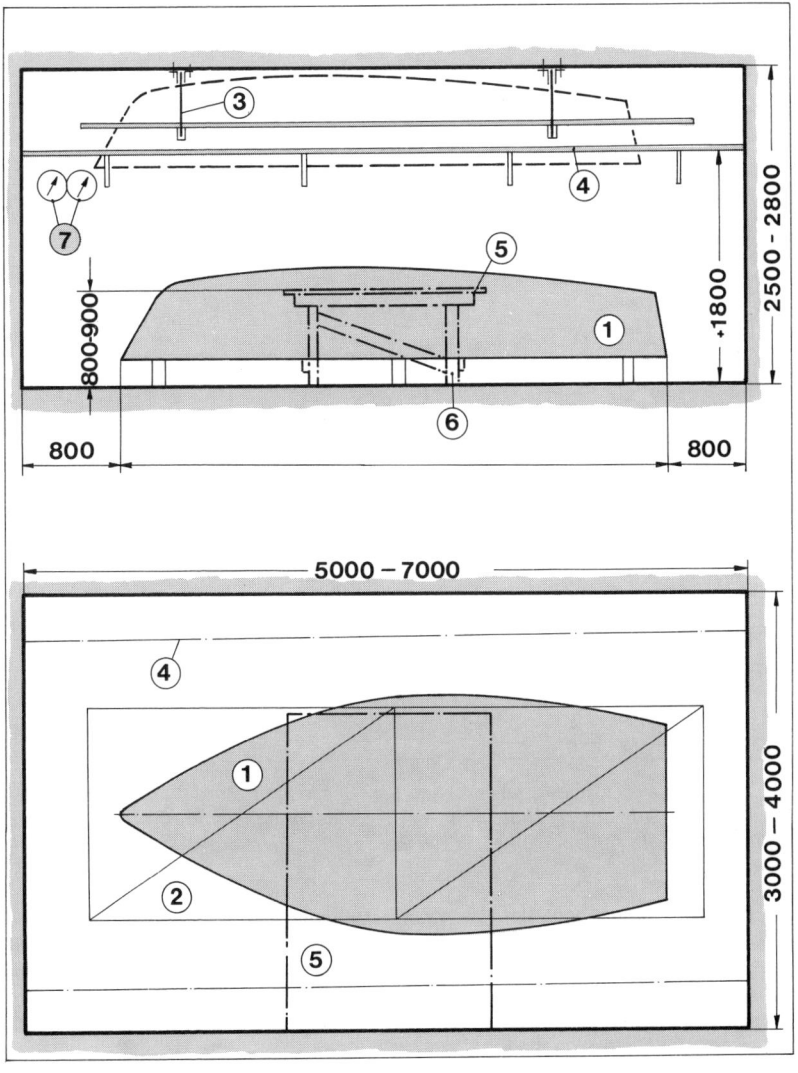

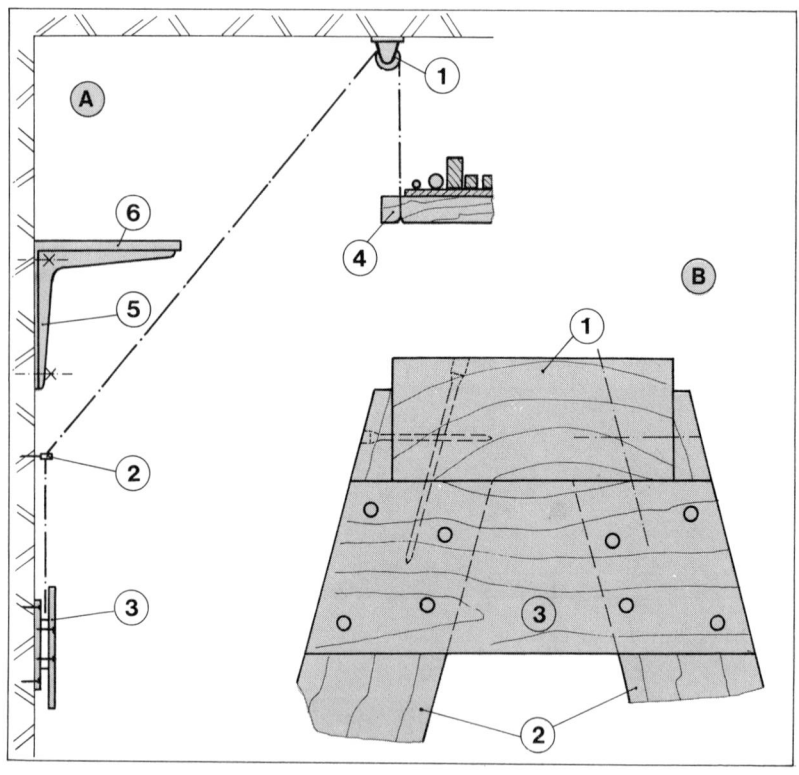

(A) Seilzug für die Lagerplattform an der Decke und Borde an den Wänden.
(1) Block für Seilzug; (2) Umlenkauge; (3) Befestigungsklampe; (4) Querbalken;
(5) festgedübelte Auflagewinkel für die Borde; (6) Lagerborde.

(B) Die Blöcke zum Auflegen der Spanplatte kann man entweder selbst bauen oder entsprechende Beschläge für die Beine und den Auflagebalken im Eisenwarenhandel kaufen. Hier das schwierigste Detail für einen selbstzusammengenagelten Bock. Der Querbalken (1) und die Beine (2) werden mit starken Nägeln zusammengenagelt und durch Querbretter (3) versteift. Die Beine sind unten ebenfalls quer und diagonal auszusteifen.

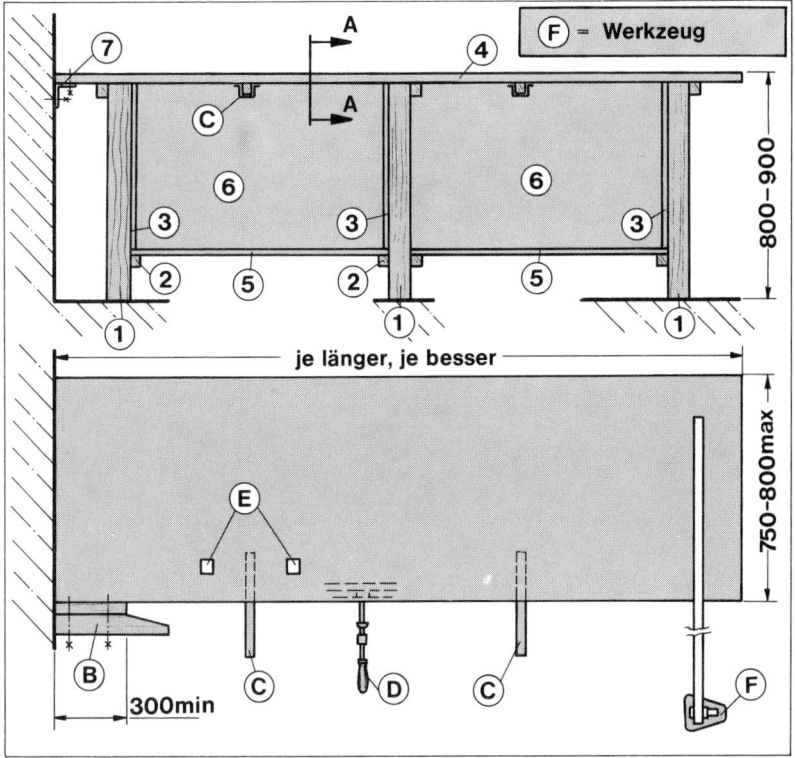

Eine gute Werkbank erleichtert die Arbeit um ein Vielfaches. Die Hobelbank, wie Tischler sie verwenden, ist der Idealfall (sehr teuer). Kleine Hobelbänke, wie sie für Bastler angeboten werden, sind zu klein und zu schwach. Hier ein Beispiel, wie man sich selbst eine Werkbank bauen kann. Optimale Abmessungen 2000 (und mehr) x 750 mm, Höhe 800–900 mm. Sie bauen Rahmenspanten aus Balken (1) und Dachlatten (2), die mit Querschotten (3) ausgesteift werden. Auf die Spanten kommt die Arbeitsplatte (4). Schließlich werden Zwischenböden (5) und zur diagonalen Versteifung Rückwände (6) angebracht. Am besten steht die Werkbank in einer Ecke mit Winkeln (7) an die Wand gedübelt. Die Details (A) bis (G) finden Sie auf den folgenden Seiten. Die Skizze ist für Rechtshänder. Linkshänder bauen spiegelverkehrt.

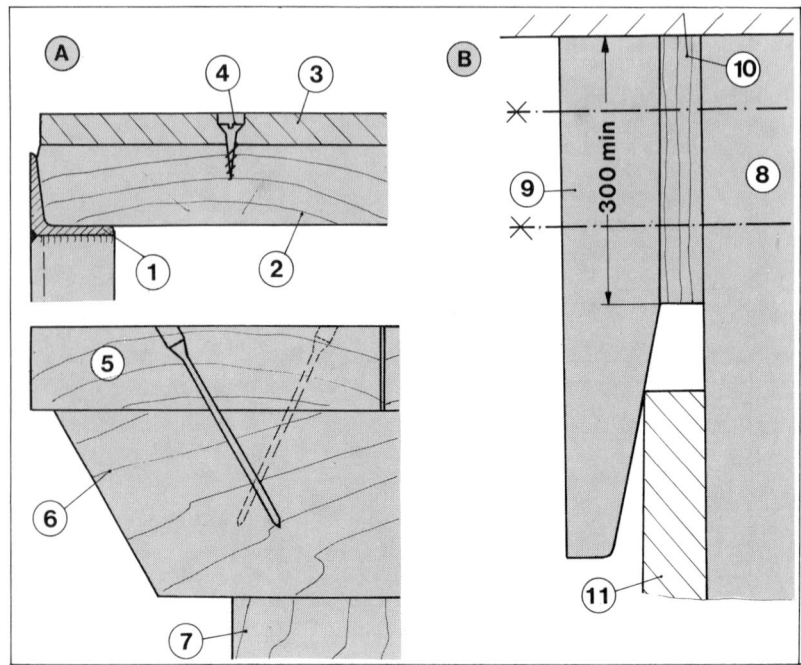

(A) Schnitt durch die Arbeitsplatte einer Werkbank. (1)–(4) Werkbank mit Win-keleisenrahmen, (5)–(7) Werkbank aus Holz.
Bei der Winkeleisenkonstruktion ist der obere Rahmen (1) mit Bohlen (2) aus-gelegt. Sind die Bohlen zu schlecht, deckt man sie mit einer Spanplatte (3) ab und schraubt sie fest (4).
Die Holzkonstruktion wird ganz aus Kanthölzern hergestellt, die Platte aus Boh-len (5); für Querbalken (6) und Beine (7) werden ebenfalls Kanthölzer verwen-det. Hier ist besonderer Wert auf diagonale Versteifung zu legen, und zwar in Längs- und in Querrichtung.

(B) Der Klemmkeil an einer Werkbank ist eine sehr große Hilfe. Man kann senk-recht stehende Werkstücke hineinschieben und hat so eine Halterung zum Ho-beln. (8) Arbeitsplatte; (9) Klemmkeil; (10) Zwischenlage; (11) Werkstück. Die Zwischenlage muß mindestens 300 mm vom Ende der Werkbank und somit von der Wand entfernt sein, um ungehindert arbeiten zu können.

(C) Bankzapfen halten das Werkstück, wenn es mit der Kante im Klemmkeil steckt. Unter die Platte (1) werden Leistenstücke (2) mit Blechbeschlägen (3) und Stopperschrauben (4) herausziehbar befestigt. Die Skizze darunter zeigt die Bankzapfenbefestigung in einer Holzkonstruktion von vorne gesehen. Der Beschlag (3) aus der oberen Skizze ist strichliert angedeutet. (1) Arbeitsplatte; (5) Kartonstück als Distanzpackung, da man als Zwischenstükke (6) die gleiche Leistenstärke wie für den Bankzapfen verwendet. (7) Unter die Leisten wird noch ein Brett genagelt oder geschraubt, das die Zapfen festhält.

(D) Statt der Bankzapfen kann man auch die hier gezeigte Vorrichtung bauen. Aus einem Brett (1) und einer Leiste (2) wird ein Winkel angefertigt. Auf ihm steht die Zwinge. Die Leiste (3) muß stärker und sehr gut an der Platte der Werkbank befestigt sein, da sie die Spannkraft der Zwinge aufnehmen muß (Leimen). (4) Zwischenlage. (5) Eine Kurbel an der Zwinge ist sehr praktisch.

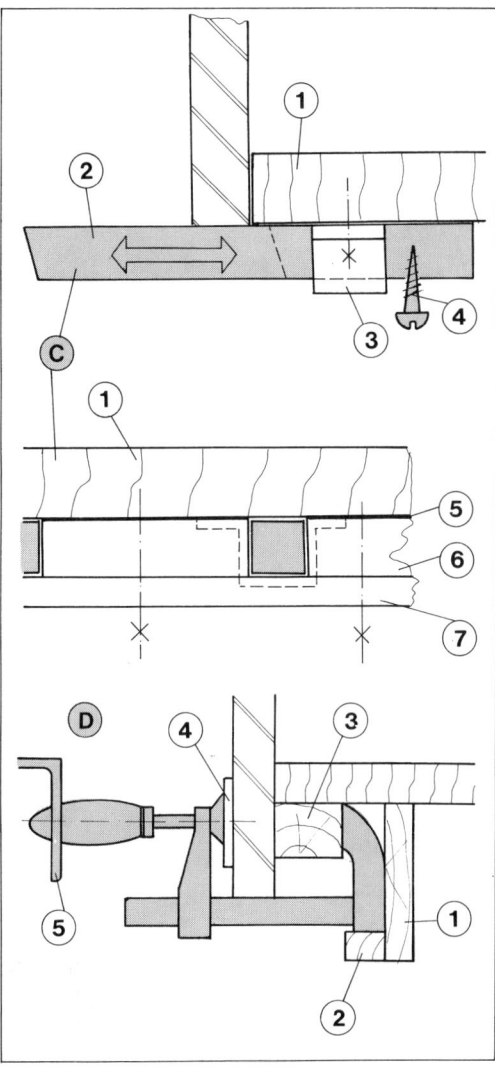

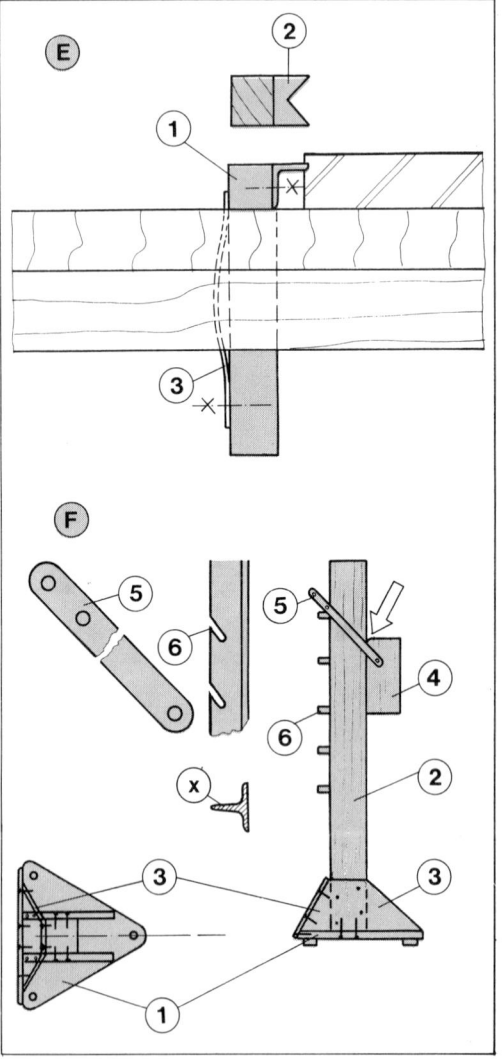

(E) Der Bankhaken ist ebenfalls eine Einrichtung der Hobelbank.
Der Bankhaken besteht aus einem Leistenstück (1) und hat oben einen winkelförmig gebogenen Blechhaken (2), der das Werkstück festhält. Die vorgespannte Plattfeder (3) hält ihn im Loch fest.

(F) Der Bankknecht ist bei vielen Arbeiten, besonders mit langen Werkstücken, eine sehr große Hilfe.
Er besteht aus einer Grundplatte (1), einem Ständer (2) und drei Eckbrettern (3).

Der Gleitklotz (4) muß an der oberen Ecke (Pfeil) gut abgerundet werden. Er wird von zwei Flacheisen mit durchgehenden Maschinenschrauben (5) gehalten.
Verlängert man die Flacheisen, hat man einen praktischen Griff.
Die Haltezapfen (6) kann man beliebig einschrauben. Einer muß auf jeden Fall mit der Werkbankhöhe übereinstimmen.
(X) Bankknecht aus T-Profil geschweißt. Grundplatte dreieckig bauen, dann steht sie besser.

*(G) Werkzeughalterungen
sollten sie so einfach wie
möglich bauen.*
*(1) Eine einfache Span-
platte.*
*(2) Dämmplatte mit Loch-
platte (3) verdeckt.*
*(4) Großköpfige Leichtbau-
nägel eignen sich am be-
sten.*
*(5) Werkzeuge, die nur ein
kleines Loch haben, hängt
man auf Nägel ohne
Kopf.*
*(6) Schraubenzieher, Fei-
len und alle anderen
Werkzeuge mit Griff kann
man am besten auf einer
mit Abstandklötzen an die
Wand geschraubten Latte
lagern.*
*(7) Für Raspeln und Feilen
mit dicken Griffen setzt
man eine zweite Latte mit
verstärkten Abstandklöt-
zen an.*
*(8) Man baut sehr häufig
viel zu komplizierte Halte-
rungen, weil man nicht
ausreichend darüber nach-
denkt, wie man so kleine
Details vereinfachen kann.
Nehmen wir z. B. einen
Hobel. Die Aufhängungen,
die man hierfür findet, sind
immer ziemlich kompli-
ziert. Zwei lange Leicht-
baunägel (120er) tun es
auch, oder man bohrt in
den Hobel ein Loch und
hängt ihn auf einen ge-
stauchten Nagel.*

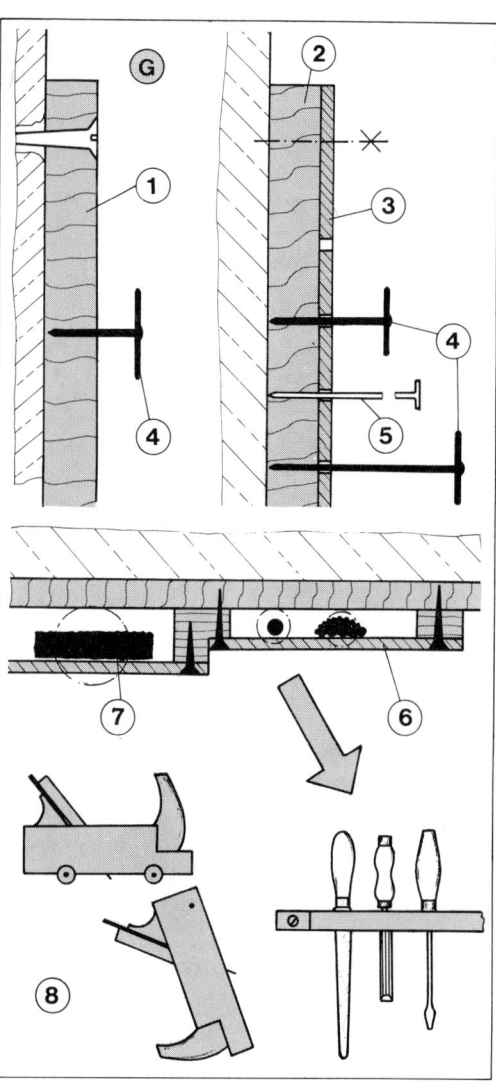

Werkzeug

Zum Bau eines kleinen Knickspanters braucht man, wenn man sich auf das Notwendigste beschränkt, jedoch ein handwerklich einwandfreies und im Finish gutes Boot bauen will, folgende Werkzeuge:

1. Bohrmaschine
2. Bohrer (2—10 mm)
3. Gestell-, Feinsäge
4. Fuchsschwanz, Lochsäge
5. Hammer
6. Zange (Kneif-, Kombizange)
7. Raspel (halbrund)
8. Feile (halbrund)
9. Hobel (Schlicht-, Putzhobel)
10. Beitel (mittel und schmal)
11. Schraubenzieher (mittel und klein)
12. Schraubstock
13. Schraubzwinge
14. Schleifpapier
15. Pinsel
16. Diverses.

Durch die Verwendung einiger elektrischer Geräte läßt sich einerseits die mühevolle Handarbeit und andererseits die Bauzeit reduzieren, was letztlich auch qualitativ zu einem besseren Resultat führt. Beachten Sie jedoch, daß eine Super-Heimwerker-Ausrüstung nicht der geeignete Maschinenpark für den Bootsbau ist. Heimwerkergeräte sind auf die Bedürfnisse von Bastlern zugeschnitten.

Hier einige Bemerkungen zu den einzelnen Werkzeugen (mit gleichlautenden Ziffern wie oben):

1. Die elektrische Bohrmaschine gehört ohne Einschränkung zur

Grundausstattung. Sie kann ganz normal aus einem Kaufhaus sein. Die Leistung sollte aber nicht unter 350 W liegen. Eine Bohrwinde- oder Handbohrmaschine als Zweitgerät ist zu empfehlen. In der elektrischen ist der Bohrer, in der handbetriebenen der Versenker eingespannt.

2. Für das normale Loch bis 10 mm Durchmesser verwendet man den Spiralbohrer. Für Holz reicht normaler Werkzeugstahl aus. Für Kunststoff wird Hochleistungsstahl (HLS) und für Metall Hochleistungsschnellstahl (HSS) empfohlen. Für größere Löcher in Holz sind zentrierte Bohrer mit Nebenschneiden geeigneter.

Für Löcher über 25 mm Durchmesser eignet sich die im Heimwerkerzubehör angebotene Lochsäge, die bis zu Lochdurchmessern von etwa 65 mm eingestellt werden kann.

Zum Versenken der Schrauben ist ein Holzsenker notwendig. Hier bewährt sich dann auch die zweite Bohrmaschine.

3. Zusätzlich zu den Handsägen erleichtert eine Kreissäge die Arbeit nur unwesentlich, sofern man nicht darauf aus ist, die Leisten selbst zu sägen (nicht zu empfehlen). Die als Zusatzgerät zu Bohrmaschinen angebotenen Aufsätze für Hand- und Tischsägen reichen nicht aus. Ein gutes Gerät mit eigenem Motor, wahlweise als Handkreissäge und Tischkreissäge verwendbar, ist erst dann eine Überlegung wert, wenn man festgestellt hat, daß man beim Selbstbau bleibt.

4. Neben der Bohrmaschine hat die elektrische Stichsäge größte Bedeutung für den Einzelbauer. Die meterlangen gekrümmten Schnitte für die Sperrholzteile sind mit der elektrischen Stichsäge schneller und sauberer auszuführen als mit der Hand. Nicht ausreichend sind die Zusatzgeräte zur Bohrmaschine. Ideal ist eine Stichsäge mit eigenem Motor. Die Platte und die Hubzahl sollte verstellbar sein.

5. Zum Hammer ist nicht viel zu sagen. Gut ist, wenn man einen kleinen und einen etwas größeren Hammer besitzt (ca. 150 und 350 g). Ferner ist darauf zu achten, daß man beim Nageln die Schlagflächen des Hammers sauber hält (Leim-, Farb- und Fettflecke).

6. Mit einer Kneif- und Kombizange kommt man aus.

7. Am besten eignen sich Halbrundraspeln.

8. Auch hier ist als Grundausstattung eine Halbrundfeile zu empfehlen, gefräste Feilen sind teurer, aber besser. Feilen dürfen nicht mit Drahtbürsten gesäubert werden. Tauchen Sie die verschmutzte Feile in heißes Wasser und bürsten Sie sie mit einer Borstenbürste aus.

9. Ein Schlichthobel reicht im allgemeinen. Kaufen Sie den Hobel im Fachgeschäft und nicht Billigsthobel in Kaufhäusern. Der noch feiner arbeitende Putzhobel in guter Qualität ist teurer, und die mit ihm zu erreichende Oberflächenqualität ist nur mit großem handwerklichen Verstand zu nutzen.

10. Stemmbeitel (Stemmeisen) braucht man je nach Art der Konstruktion gar keine oder höchstens zwei. Davon einen mit 10—12 mm Breite und einen schmalen oder Lochbeitel mit 6—8 mm Breite. Zum Draufschlagen eignet sich ein Stemmknüppel (Holzhammer) besser als der Eisenhammer.

11. Es lohnt, wenige Schraubenzieher für mehr Geld zu kaufen. Je besser die Klinge, um so weniger Ärger hat man mit dem Abgleiten und „vermurksten" Schrauben. Der Qualitätsunterschied geht so weit, daß man einen schlechten Schraubenzieher nach zehn, einen guten nach tausend Schrauben anschleifen muß.

12. Der Schraubstock ist für den Bau von Booten meist entbehrlich.

13. Schraubzwingen. Sie sind teuer und werden häufig noch immer als das non plus ultra für den Bootsbau gesehen. Wer sich vernünftigerweise zum Leimpressen mit anderen Methoden (Nageln, Schrauben, Keilen, Pressen, Steinen, Sandsäcken usw.) überwindet, kommt mit drei bis fünf Schraubzwingen aus.

14. Schleifpapier ist unter Schleifen besprochen. Wer sich einen Flä-

chenschleifer (Schwingschleifer) kaufen will, der die Arbeit des Finish erleichtert, muß darauf achten, daß der Schleifer eine Schwingzahl über 5000 bis 8000 hat. Die Aufsatzgeräte für die Bohrmaschine haben zu kleine Schleifleistungen.

15. Wieviel Pinsel man für ein Boot braucht, hängt weitgehend von ihrer Pflege ab. Wenn man sie über die Topfzeit von Leim, Harz und Farbe hinaus trocknen läßt, sind sie meist nicht mehr zu gebrauchen. Man ist gut beraten, wenn man zumindest zum Leimen nur Pinsel ohne Blecheinfassung und ohne Metallklammern verwendet. Gute (teure) Pinsel erleichtern die Arbeit, haaren nicht und halten länger.

16. Diverses. Zur Vervollständigung der Werkstatt gehören je nach Bootstyp noch ein Satz Maul- und Steckschlüssel sowie diverse Sonderwerkzeuge, die man im Laufe der Zeit anschafft. Das Werkzeug zum Anreißen ist auf Seite 96 beschrieben.

Für den Bau des ersten Bootes reicht eine Grundausstattung, die 400 DM nicht überschreiten muß. Wer sich zum Bau eines Bootes entschließt, wird vieles davon ohnehin schon besitzen.

Die Vorstellung, daß man zum Einzelbootsbau viele Maschinen braucht, ist eine Fehleinschätzung durch Werbung suggeriert. Günstiger ist, den Maschinenpark möglichst klein zu halten, und das dadurch ersparte Geld in die Qualität des Bootsbaumaterials zu investieren. Es ist viel schwieriger, mit einer mittelprächtigen Kreissäge einen exakten Schnitt durchzuführen als mit einer Handsäge.

Halten Sie sich vor Augen, daß die Bauzeit eines kleinen Knickspanters 100 bis 200 Stunden dauert, und Sie die einzelne Maschine vielleicht zehn Stunden verwenden.

Baumethoden

Überblick

Ein Bootsrumpf besteht weitgehend aus gekrümmten Flächen. Das ist das eigentliche Problem. Zu unterscheiden sind Flächen, die in einer Richtung gerade bleiben und jene, die räumlich gekrümmt sind. Beide Oberflächentypen lassen sich in allen Bootsbaumaterialien verwirklichen. Die Herstellung räumlich gekrümmter Flächen aus der Sicht des Einzelbauers ist allerdings so aufwendig, daß man sie nur unter Zuhilfenahme einer Leihform oder eines vorgefertigten Rumpfes anstreben sollte.

Die folgenden Abschnitte geben eine Übersicht über die im Boots- und Yachtbau üblichen Baumethoden unter Verwendung verschiedener Materialien, kommentiert aus der Sicht des Selbst- und Einzelbauers. Vorweg muß gesagt werden, daß in allen Baumethoden Selbstbauten in überdurchschnittlicher Qualität gebaut wurden. Gleichzeitig darf jedoch nicht verschwiegen werden, daß an allen Küsten, ja sogar in Gebirgstälern, Wracks von Selbstbauern schmoren, die nie Wasser unter dem Kiel hatten. Die Gründe, weshalb sie da liegen, reichen von unüberlegt bis verzweifelt. Die häufigste Ursache, die schließlich zu so einem Wrack führt, ist Geldmangel, falsche Einschätzung der Probleme durch meist profitgebundene Beratung und vieles andere mehr.

Deshalb sei hier noch ein Satz zur Beurteilung der folgenden Baumethoden erlaubt: Selbst wenn der eine oder andere in einer Baumethode ein Wunder der Bootsbauerkunst vollbracht hat, die Welt damit umsegelte oder viele Regatten gewann, habe ich trotzdem „nicht empfehlenswert" geschrieben, da diese Bauten nur durch den Erfolg zu rechtfertigen sind, und die Zahl der gescheiterten nicht verzeichnet wurde.

● Rundspanter in Holz geplankt

Die Wikinger erfanden das Klinkern, die Romanen die Karweel-Beplankung, die wurde weiter entwickelt zum Diagonal-Karweel, schließlich kam das Doppel-Diagonal-Planken hinzu, und zu guter Letzt fand das Massivholz-Planken in doppel-diagonal und kreuz-karweel seine höchste Reife.

Alle diese Baumethoden hatten zu ihrer Zeit volle Berechtigung. Auf die heutige Zeit übertragen, sollte man meinen, hätten sie unter Anwendung moderner Bootsbaumaterialien keine Bedeutung mehr. Dennoch weit gefehlt. In jeder dieser Baumethoden stecken Details, die nicht ohne weiteres von der Hand zu weisen sind. Richtig ist das nur zum Teil und nur im Detail. Man muß sich eins klarmachen: Eine Baumethode, die entstand, als man weder wasser- noch kochfesten Leim, geschweige denn Kunststoff kannte, ist heute nicht mehr brauchbar.

Da mögen Konstrukteure für Nostalgiker noch so schöne Traditionsschiffe malen, glücklich wird man nicht damit. Denn was soll ein feuer-

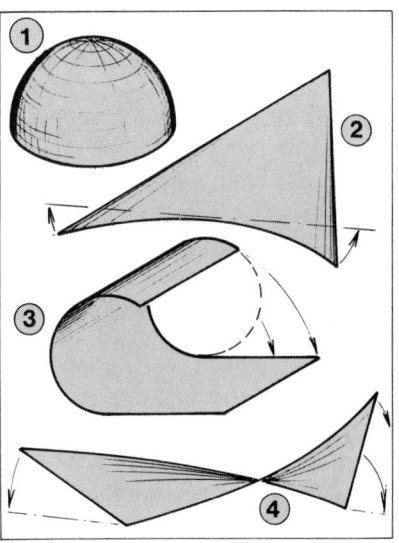

Außenhaut und Decks von Booten lassen sich in zwei Oberflächentypen einteilen. Rundspanter haben räumlich gekrümmte Flächen, wie z. B. die Kugel (1). Diese Flächen lassen sich nicht aus großen Plattenteilen bauen. Sie werden entweder aus räumlich verformbarem Material (Kunststoff) oder aus schmalen Streifen (Holz, Metall) hergestellt.
Die zweite Gruppe sind Flächen, die in einer Richtung gerade bleiben: z. B. Kegelmantel (2); Zylindermantel (3); verdrehte Flächen (4). Diese Flächentypen sind aus großen Plattenteilen herstellbar und somit Konstruktionsgrundlage für alle Sperrholzdecks und Knickspanttrümpfe.

geschweißter Beschlag auf einem epoxi-beschichteten Massivholz-rumpf, der „vernünftigerweise" Alu-Masten, stehendes Gut aus nicht-rostendem Stahl und synthetisch hergestellte Segel hat.

Ich möchte mich in diesem Kapitel nicht weiter über nostalgische Teil-konstruktionen auslassen und nur die Frage beantworten: Was ist denn wirklich brauchbar, vor allem für den Selbstbauer.

Der Leistenbau ist eine Abwandlung des Karweel, die Planken sind zu Leisten geschrumpft. Sie müssen, damit die Verleimung hält, profiliert sein. Da sich die Stäbe (trotz toter Gänge) nach vorne und nach hinten verjüngen, ist an einen Amateurbau nur dann zu denken, wenn die Teile vorher berechnet sind und auf einer Kopierfräse für einen ganz be-stimmten Bootstyp vorgefertigt werden.

Der Leistenbau spielt zur Zeit nur in der Herstellung von Prototypen und im Kernbau für Formen eine Rolle. Für den Selbstbau ist er ohne Bedeutung. Das gilt auch für die wenigen beliebten Typen, die aus Sperrholz geklinkert werden und in Baukastenform für Selbstbauer auf dem Markt sind.

Die Zahl der diagonal geplankten Konstruktionen steigt. Der Baustoff Holz in Verbindung mit Epoxi findet immer mehr Freunde unter den Selbstbauern. Diese Bauart ist aber erst ab etwa 7 m aufwärts zu recht-fertigen. Das Resultat ist auch sehr verlockend, doch meine ich, darf man nicht übersehen, daß diese Selbstbauer eine immense Zeit und sehr viel Geduld aufgewendet haben. Bezieht man sich auf eine Boots-länge bis etwa 6 m, so bleibt nur der Sperholzknickspantbau, wobei es gleichgültig ist, ob man auf Spanten plankt (siehe Seite 44) oder die Außenhaut vernäht (siehe Seite 54) und verklebt. Es ist das ideale Bau-system für den Selbstbauer. Alles andere hat mit Problemen der Plan-kenabdichtung und viel zu aufwendiger Arbeit zu tun.

Als modernste Art, Holzrümpfe herzustellen, hat sich in den letzten zehn Jahren der formverleimte Rumpf herauskristallisiert. Er ist, was Holz-boote angeht, die absolute Spitze. Hier werden 3, 5 und mehr Furnier-lagen diagonal oder abwechselnd karweel (längslaufend) über einen Kern mit Vakuum verpreßt oder mit Epoxi bzw. mit kochfestem Leim verklebt. Leider eignet sich diese Baumethode nicht für den Selbstbauer. Wer jedoch die formverleimte Schale als Ausgangspunkt für den Bootsbau betrachtet, hat einen idealen Rumpf, der im Selbstbau fertiggestellt werden kann. Formverleimte Rümpfe gibt es für Ruder-, Segel- und Motorboote bis 30 m Länge. Details finden Sie auf Seite 66. Leider sind die Kernkosten so hoch, daß man sich mit den Rümpfen, die auf dem Markt vorhanden sind, begnügen muß. Es sei denn, man schließt sich zu einer Interessengemeinschaft zusammen und teilt die Kernkosten.

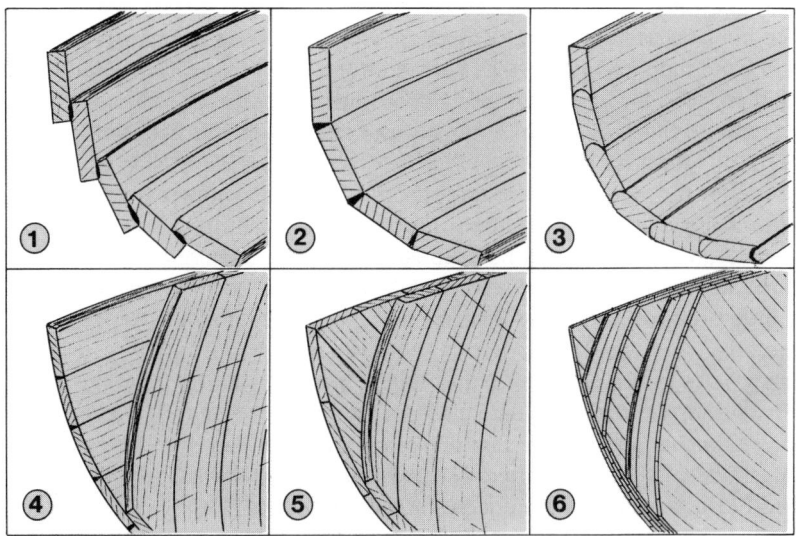

Holzbaumethoden für Rundspanter. (1) = Klinkerbau; (2) = Karweel; (3) = Leistenbau; (4) = Diagonalkarweel; (5) = Doppeldiagonal; (6) = Formverleimt.

(1)–(5) sind konventionelle Vollholzbaumethoden. (6) Modernste Art, Holzrümpfe zu bauen. Für gemalte Außenhaut sind alle Furniere diagonal, für farbloslackierte Außenhaut ist die Außenlage karweelverleimt.

● *Kunststoffbau*

Glasfaserverstärkter Kunststoff ist das Material, das den Bootsbau in den letzten drei Jahrzehnten auf den Kopf gestellt hat. Es gibt zwei voneinander völlig verschiedene Herstellungsverfahren. Das Negativ-Verfahren und das Positiv-Verfahren.

Das Negativ-Verfahren besteht darin, daß der Rumpf in eine Form hineinlaminiert und nach dem Aushärten herausgenommen wird. Die räumlich gekrümmte Außenhaut, d. h. der Rundspanter, ist die vernünftige Grundlage, trotzdem werden auch Knickspanter in Kunststoff gebaut, obwohl die Baumethode, außer für Motorbootrümpfe, dafür ungeeignet ist. Durch die hohen Formkosten ist das Verfahren nur für den Serienbau geeignet. Je nach Qualität der Form erhält man beste Oberflächen. Es lassen sich Formen verwirklichen, wie sie in Holz nur unter größtem Aufwand möglich wären. Der Kunststoffbau eignet sich für Boote bis 40 und mehr Meter Länge. Details siehe Seite 62.

Für Boote bis 6 m, die in einer guten Leihform gebaut werden, ist der GFK-Bau auch für den Selbstbauer vertretbar. Handelt es sich um Boote von über 6 m Länge, steigt das Risiko eines fehlerhaften Rumpfbaues, sofern dieser von Selbstbauern hergestellt wird. Es gibt zwar Werften, auf deren Gelände man sich die Rümpfe unter Beratung bauen kann, doch kommt man nicht umhin, dem Selbstbauer zu raten, sich ab 6 m Länge lieber eine fertige Schale zu kaufen und diese mit Holz auszubauen.

Die zweite große Gruppe ist das Bauen von Kunststoffbooten auf einer Positivform bzw. auf Mallen.

Das ist nichts anderes als aus billigem Material einen Kern herzustellen (Hartfaserplatten und ähnliches) und darauf den Rumpf zu laminieren. Die Form wird später herausgenommen. Das Verfahren eignet sich für Ruder-, Segel- und Motorboote bis etwa 10 m Länge. Der Nachteil aller auf einem Kern oder auf Mallen (Formen, die später entfernt werden) gebauten Rümpfe ist die mühsame Arbeit, eine brauchbare Außenhautqualität zu erlangen, da das eigentliche Glas in der Struktur immer wieder durch das Harz durchkommt. Die Oberfläche muß sehr gründlich gespachtelt, geschliffen und gemalt werden. Details siehe Seite 62.

Für viele Selbstbauer ist diese Baumethode sehr verführerisch, da sie durch falsche Beratung erst gegen Ende des Baues die Arbeit mit der Oberflächenqualität zu spüren bekommen. Gute Konstruktionen auf diesem Prinzip sind z. Z. auch sehr selten geworden. Es ist auf alle Fälle vernünftiger, zu einem fertigen Kunststoffrumpf zu greifen und diesen auszubauen.

Das gleiche gilt für Holzboote, die mit Kunststoff beschichtet werden. Einen Holzrumpf, gleichgültig wie er gebaut wurde, mit glasfaserverstärktem Kunststoff zu beschichten, ist nur in ganz wenigen Fällen vertretbar. Die Baumethode stellt eigentlich nichts anderes dar als daß man eine Positivform aus Holz baut und diese mit Kunststoff beschichtet, dann allerdings die Form im Kunststoffrumpf drinläßt. Genau genommen ist dies ein Unding. Holz hat schon eine gute Oberfläche, beschichtet man sie mit GFK, muß man wieder spachteln, schleifen und malen.

Für den Selbstbauer ist das nicht zu empfehlen. Es sind schon Boote jeder Art und Größe mit GFK beschichtet worden, alte Boote, um sie dicht zu machen (sehr schwierig), neue Boote, weil man dem Kunststoffbezug besondere Überlegenheit nachsagt. Da es jedoch vorwiegend selbständige Holzkonstruktionen sind, die beschichtet werden, ist es nicht nur doppelt gemoppelt, sondern das Boot sinnlos überdimensioniert und schwer gemacht, mit einem aus keiner Sicht zu rechtfertigenden Aufwand.

Als Gegenstück zum Holzleistenbau kann man das RFK-Bauverfahren betrachten. Es ist jedoch weniger zeitraubend und erfordert kaum handwerkliches Geschick. Mit Kunststoffrohren werden Spanten und Schotten in vorher berechneten Abständen überstrakt. Die Rohre werden von außen und später auch von innen mit glasfaserverstärktem Kunststoff überlaminiert. Die Baumethode eignet sich für Boote bis etwa 30 m Länge sowohl für den Einzel- als auch für den Serienbau. Für Selbstbauer ist dieses Verfahren besonders geeignet, wird aber erst bei Längen über 8 m interessant. Die Baumethode ist noch sehr jung, doch wurde sie schon von vielen Selbstbauern erprobt. Der Vorteil: Einfache, preiswerte Baumethode mit guter Wärmeisolierung und viel Sicherheitsauftrieb. Nachteil: Viel Arbeit mit der Außenhautqualität.

41

Ein weiteres, ebenfalls sehr junges Verfahren, das in den Positivbau gehört, ist das Arbeiten mit C-flex. Hier werden Spanten und Schotten mit einem Glasgewebe überspannt, dessen starke Längsfasern über ca. 80 cm straken, d. h. man braucht nur relativ wenig Spanten. Diese Baumethode ist für Einzel- und Selbstbauer entwickelt worden. Man erreicht große Festigkeit, braucht wenig handwerkliche Kenntnisse, jedoch sind die Materialkosten relativ hoch. Erst ab 8 m Länge könnte man sagen, kann man einigermaßen wirtschaftlich arbeiten. Der Nachteil: Viel Arbeit mit der Außenhautqualität.

Neben diesen erwähnten Baumethoden gibt es viele Variationen, die alle das gleiche Ziel haben, nämlich die Zwischenräume der Spanten und Schotten zu überspannen, um so auf irgendeine Weise eine strakende Grundlage für die Außenhaut zu schaffen.

● *Stahlbau*

Bei Stahlschiffen werden die Außenhautplatten auf Spanten geschweißt. Der Rundspanter ist aufwendiger als der Knickspanter. Die Baumethode eignet sich für Segel- und Motorboote ab ca. 7,5 m Länge. Stahlschiffe kann man sowohl in Serien als auch im Einzelbau herstellen. Während für den Selbstbauer enorme Spezialkenntnisse erforderlich sind, ist der Stahlbau, von einer Werft ausgeführt, relativ preiswert. Da weniger direkter Serienbau praktiziert wird, sondern eher eine Art Typschiffbau die Grundlage bildet, ist hier für wenig Geld an Sonderwünsche zu denken. Zum Ausbau bietet der Stahlrumpf ab etwa 10 m nicht nur gute, sondern auch sehr preiswerte Voraussetzungen.

● *Stahlbeton (Ferrozement)*

Aus Eisengeflecht wird die Rumpfform gebaut und beidseitig mit Beton verputzt. Der Bootsbau in Ferrozement ist vielen Vorurteilen ausgesetzt. Doch wer Einblick in den modernen Stahlbetonbau hat, wird dieser Methode zugänglicher sein. Wirtschaftlich wird die Bauart erst ab 10 m aufwärts. Es sind sowohl in Serien- wie im Einzelbau, besonders von Selbstbauern, schon viele Yachten gebaut worden. Ein echter Durchbruch ist diesem Material jedoch noch nicht gelungen, obwohl die Baumethode wohl zu den preiswertesten zählt, mit denen man für sehr wenig Geld an einen großen Rumpf kommen kann.

Als Nachteil erweist sich für den Selbstbauer die Notwendigkeit, dann, wenn das Eisen steht, den Beton in möglichst kurzer Zeit fachgerecht aufzubringen. Dazu braucht man eine ganze Kolonne von Putzern, da der Beton in einem Zug auf den Rumpf aufgebracht werden muß.

Zieht man eine Bilanz aus dem Gesagten, zeichnen sich für den Selbstbauer zwei Wege ab, die man vernünftig nennen kann:

1. Totaler Selbstbau bis ca. 6 m Länge als
   geplankter Knickspanter
   genähter Knickspanter
   laminiertes Kunststoffboot in einer Leihform.
2. Vorgefertigte Teile als Ausgangspunkt für Boote bis ca. 6 m Länge als
   formverleimter Rumpf (auch über 6 m)
   Kunststoffrumpf (auch über 6 m)
   Baukasten
   Baupaket.

In den folgenden Abschnitten dieses Kapitels werden die hier genannten Baumethoden mit Baufolge und Details ausführlich behandelt.

Knickspanter geplankt

Bevor das Nähen der Boote wieder entdeckt wurde, konnte man den auf Spanten, Kiel und Weger geplankten Knickspanter als das ideale Selbstbauboot bis zu einer Länge von etwa 5 m bezeichnen (mit zunehmender Länge wird die Außenhaut zu dick, und die Weger müssen lamelliert werden). Unter den z. Z. bestehenden Voraussetzungen gilt dies für den genähten Knickspanter.

Dennoch bringe ich den geplankten an erster Stelle, da es z. Z. noch mehr Baupläne dieser Art gibt, obwohl sie zum überwiegenden Teil veraltet sind.

Der größte Nachteil des geplankten Knickspanters ist die mühsame Arbeit an den Holzverbindungen und das Anpassen der Außenhaut an Spanten, Kiel und Weger. Allerdings ist ein sauber gebautes Boot nach dieser Methode eine wahre Freude. Der große Arbeitsaufwand liegt meist in der Tatsache, daß die Konstruktion zu alt ist, aus einer Zeit, als man weder dem Sperrholz noch dem Leim ausreichendes Vertrauen entgegenbrachte, und die Konstrukteure zu wenig aus der Sicht des Selbstbauers zeichneten. Trotz des Nähens und des Einsatzes moderner Werkstoffe gibt es viele Bootstypen, für die dieses Bauprinzip nach wie vor ideale Voraussetzungen bietet, oder die Klassenvorschriften gar nichts anderes zulassen.

Der Bau erfordert eine Helling, auf der das zu plankende Gerüst der Spanten aufgebaut wird. Die folgenden Skizzen zeigen die Baufolge und Details mit Verarbeitungshinweisen.

Baufolge eines geplankten Knickspanters. Solange es von der Größe her mög- ▶
lich ist, sollten Boote über Kopf gebaut werden.
(1) = Anreißen der Teile. Näheres dazu finden Sie im Abschnitt Aufreißen der Einzelteile.
Die weiteren Bauabschnitte: (2) = Aussägen der Teile; (3) = Zusammenbau der Spanten; (4) = Bau der Helling; (5) = Aufstellen der Spanten; (6) = Anpassen und Verleimen des Kiels und der Weger; (7) = Hobeln der Schmiegen; (8) = Aufplanken der Außenhaut; (9) = Anpassen und Verleimen der Decks und sonstiger Einbauten, siehe Sperrholzdecks; (10) = Schleifen und Malen (siehe dort); (11) = Beschläge anbauen (siehe dort).

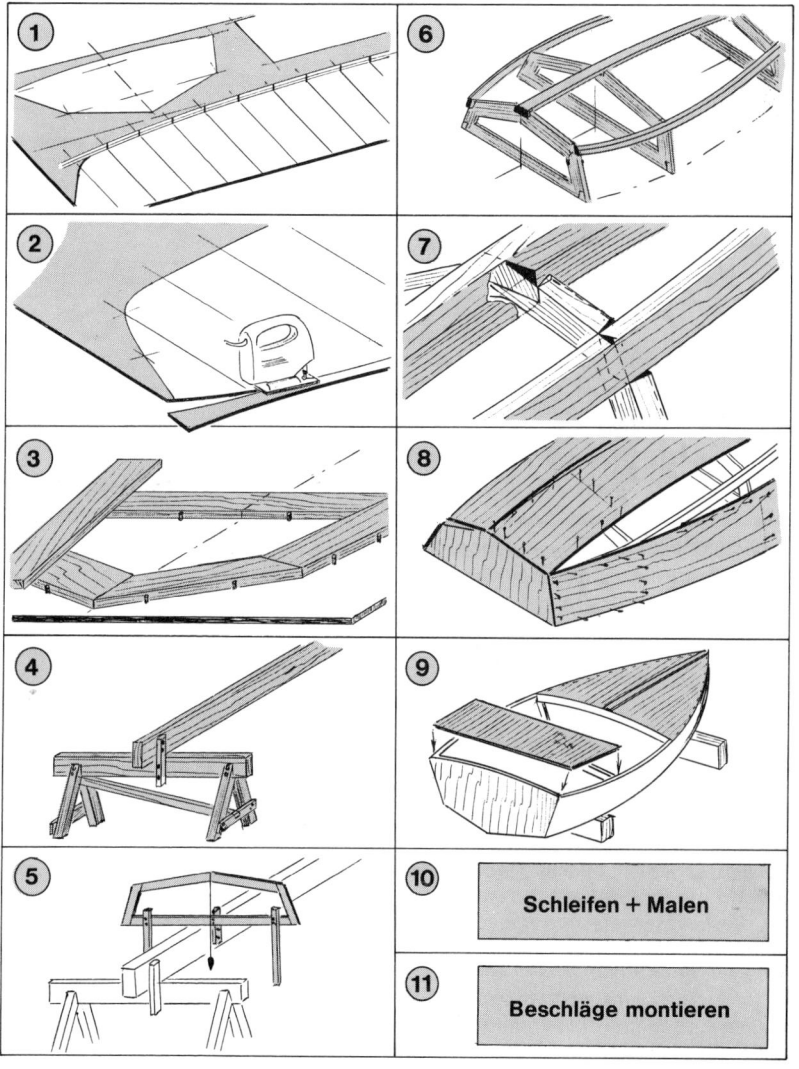

Schleifen + Malen

Beschläge montieren

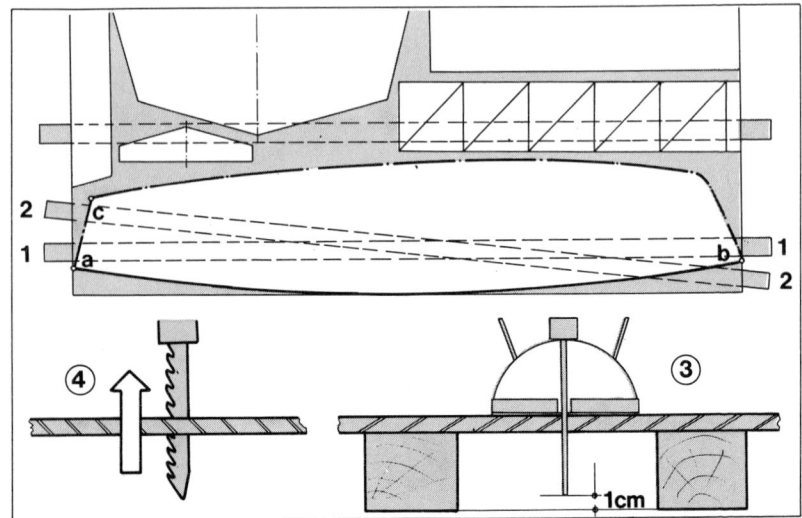

So kommt man mit großen Platten klar. Die Sperrholzplatte wird zum Aussägen auf drei oder vier Balken gelegt. Im gezeichneten Beispiel liegt der Balken zuerst wie 1-1, wenn Sie von a) nach b) schneiden. Dann wird er in Pos. 2-2 geschoben und von b) nach c) gesägt. (3) Balkenhöhe muß größer als der Hub der Stichsäge sein. (4) Anreißen auf der „schlechten" Seite. Die Stichsäge schneidet beim Aufwärtshub.

Zusammenbau der Spanten.
Sie haben den Spantplan auf eine Platte (1) 1:1 aufgerissen. Diese Platte verwenden Sie gleich als Schablone, damit die Spanten die richtige Form bekommen. Das Beispiel zeigt, wie man einen stumpfgestoßenen Spant mit einseitiger Lasche baut. Für jede Leiste werden 4 bis 5 Nägel ohne Kopf in das Brett geschlagen. Auf diese Weise haben die Teile einen guten Halt. Sind die Leisten zusammengepaßt, nimmt man sie heraus, legt eine Folie (F) auf die Platte, streicht die Stoßstellen mit Leim ein, steckt sie zwischen die Stifte, streicht Leim für die Laschen auf und nagelt diese an. Zum Trocknen kann man den Spant gleich vorsichtig herausnehmen und den nächsten beginnen. Will man die Nägel später entfernen, muß man mit Nagelleisten arbeiten (s. dort).
Es gibt eine Reihe von verschiedenen Verbindungsmöglichkeiten: (2) flach aneinander geleimt; (3) überplattet; (4) geschlitzt; (5) stumpfgestoßen und einseitig mit Sperrholz gelascht; (6) stumpfgestoßen, beidseitig gelascht mit Füllstück.

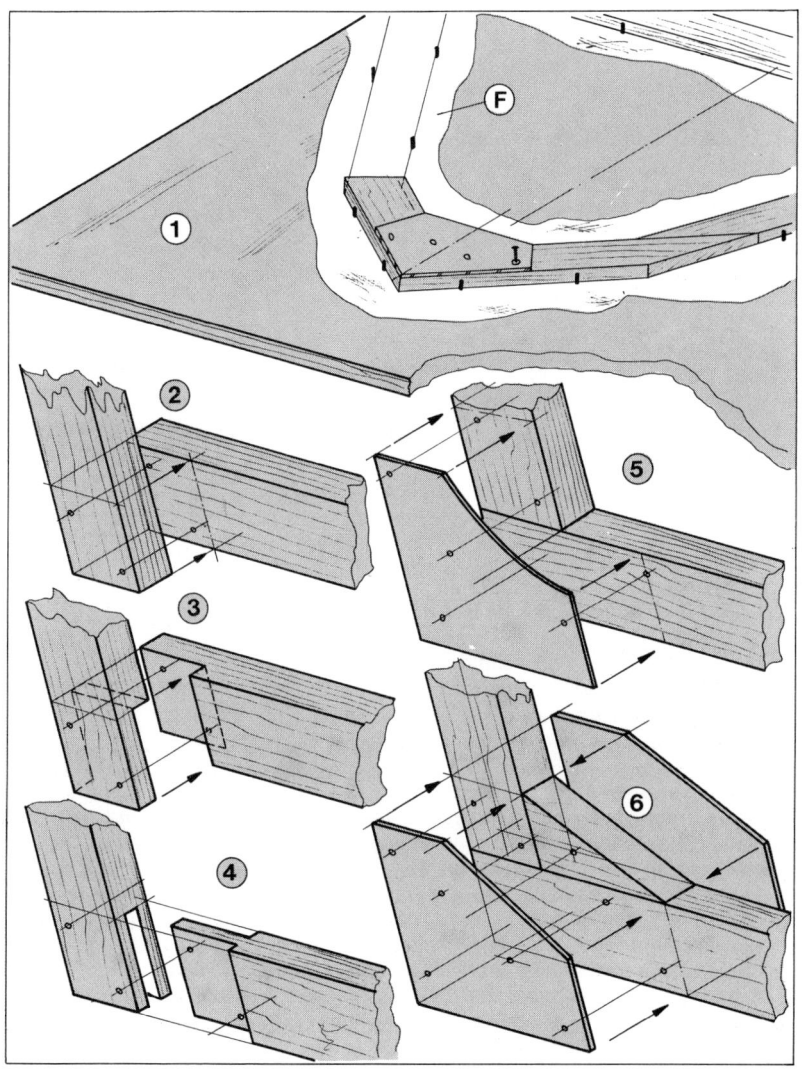

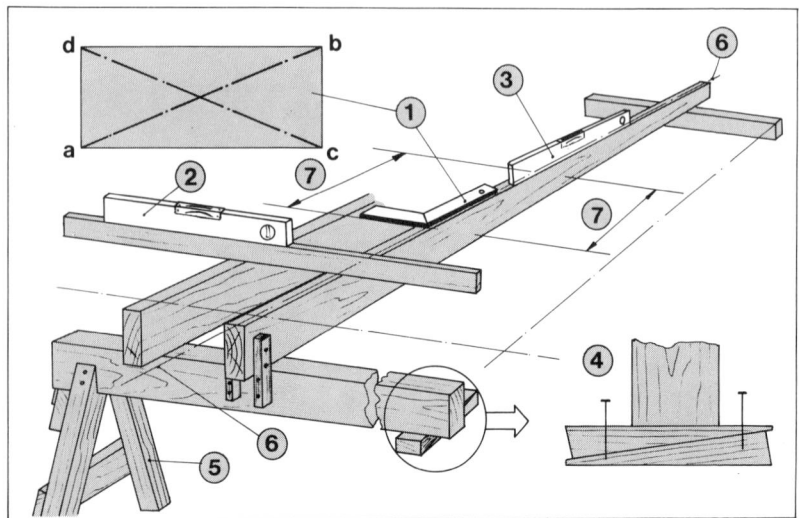

Bau der Helling. Die Form legt der Konstrukteur fest. So lange es vertretbar ist, immer Rumpf kieloben bauen. Die Helling sehr stark bauen, da beim Aufleimen der Planken enorme Kräfte auftreten.
Wichtig: (1) Genaue rechte Winkel der Spanten zur Längsachse, (2) quer und in Längsrichtung (3) exakt in Waage. Das erreicht man mit Keilen (4). Achtung: wenn sie z. B. Ecke a hochkeilen, geht auch eine Ecke der Diagonale c-d hoch. Kleine Boote auf starken Querböcken (5) bauen, damit man Arbeitshöhe hat. Größere Rümpfe baut man direkt auf dem Boden (4). Mittellinie (6-6) ist Ausgangspunkt. Spantabstände immer beidseitig abtragen (7-7).

Aufstellen der Spanten.
(1) Spanten mit Holzleisten und Nägeln fest aufstellen. Gegeneinander (2) und ▶
diagonal (3) absteifen. (4) Spantabstützung auf Helling mit Mittelbalken. Selbstverständlich müssen sie genau auf Mitte, ganz genau querschiffs und zudem senkrecht stehen. Letzteres wird mit einem Lot gemessen. (5) Das Lot wird an den Spant gehalten und der Spant so lange gekippt, bis die Lotleine genau parallel zum Spant läuft. Gute Hilfe: Holzwinkel aus zwei Leistenstücken (6). Die Anschlagleiste hat genau die Breite des halben Lotdurchmessers.
(7) Spanten von der Seite gesehen. SP = Spiegel, S1 = Spant 1, S2 = Spant 2. Beim Durchnageln Nagelleisten (N) verwenden. Hat das Deck einen Sprung, müssen die Spanten höher gestellt werden (siehe Spant 2, Maß y).

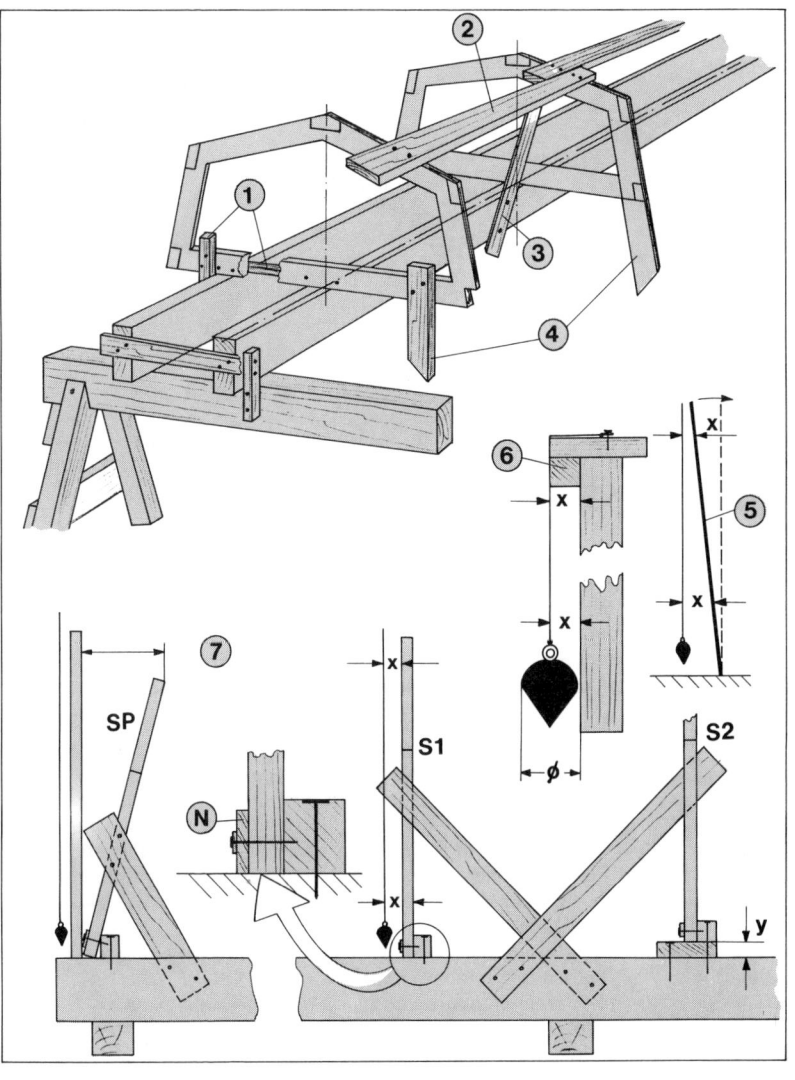

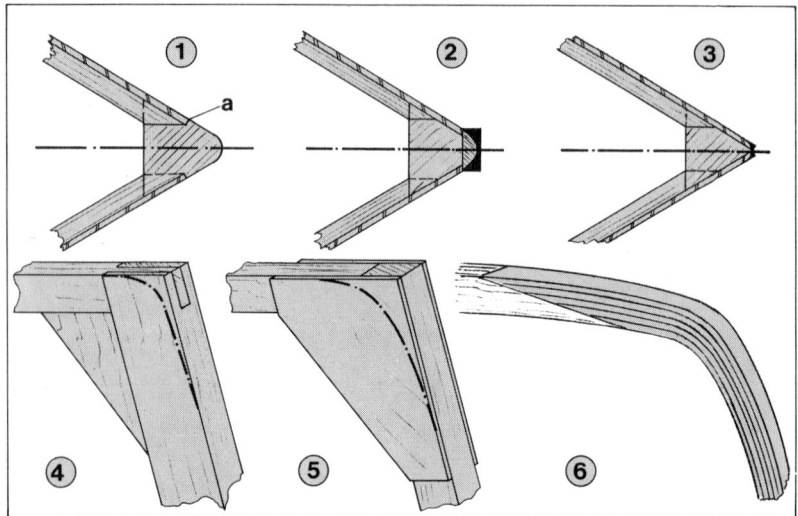

Der Steven in althergebrachter Form hat eine Sponung (1). Das ist eine Einker-
bung (a), in die die Außenhaut eingepaßt werden muß, sehr schwierig.
(2) Einfachere Form (besser). Schnittkanten mit Leiste abgedeckt.
(3) Für kleine Boote ausreichend. Die Planken laufen bis nach vorne.
Drei der gängigsten Formen: (4) geschlitzt mit Knie, (5) stumpfgestoßen und
beidseitig gelascht mit Füllstück, (6) lamellierter Steven, angeschäftet.

Anpassen von Kiel und Wegern. Die Spanten haben noch die Mallmaße (beide ▶
Seiten gleich groß), d. h. die Schmiege ist noch nicht gehobelt.
Im Einzelbau werden erst Kiel und Weger verleimt und danach die Schmiegen
gehobelt. Man biegt die Hölzer über die Spanten und zeichnet den Querschnitt
an. Es wird häufig empfohlen, die Spanten auf der Helling auszuklinken (A) und
(B). Einfacher ist es, vor dem Aufbau der Spanten das Profil der „Senthölzer"
(ohne Schmiege) rechtwinklig (Mallgröße) auszusägen und dann auf der Helling
nur die Schmiege abzunehmen (C) und (D).
(A) Maße für die Ausklinkung mit Zirkel übertragen. Entweder x und y auftragen
(Pfeile) oder y auf beiden Seiten anzeichnen.
(B) Mit Feinsäge einschneiden, bohren und mit Stichsäge ausklinken.
(C) Profil wurde bereits vorher ausgeklinkt. Jetzt braucht man nur noch die
Schmiege x anzeichnen und wie in Skizze (D) herausraspeln.

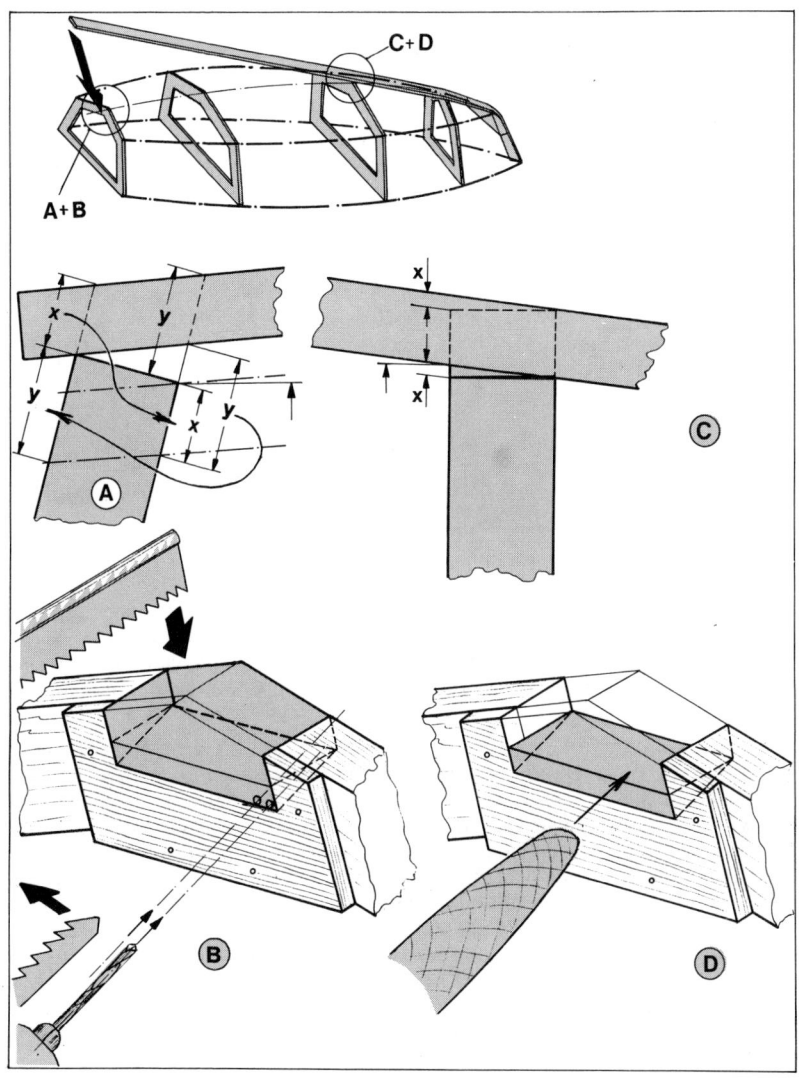

A + B

C + D

x

y

x

y

y

x

A

B

C

D

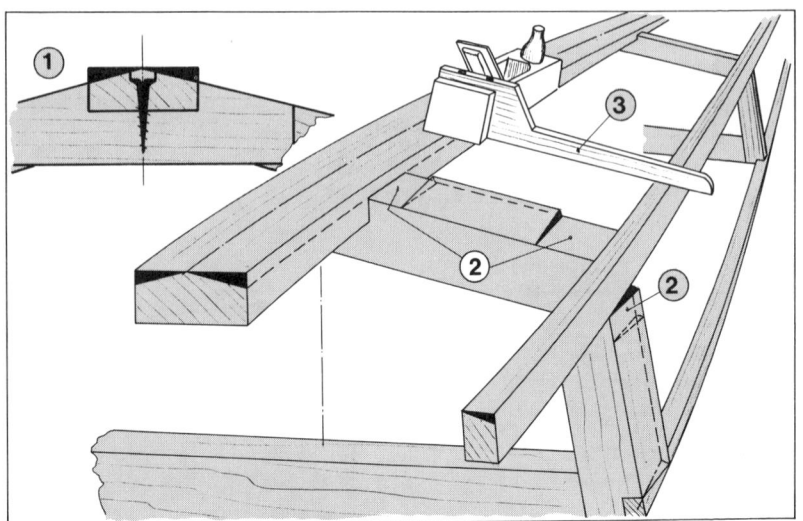

Hobeln der Schmiege. Sind Kiel und Weger verleimt, beginnt man die Schmiegen zu hobeln.

(1) Beim Verschrauben oder Nageln auf Köpfe achten (Hobelmesser!).

(2) Um mit dem Hobel freie Bahn zu haben, nimmt man mit dem Beitel oder der Raspel an den Spanten ein schmales Stück der Schmiege ab.

(3) Man kann bei einiger Übung die Schmiege freihändig hobeln. Für Anfänger ist Querbrett besser (am Hobel angeschraubt).

Aufleimen der Außenhaut. Die Planken sind mit Übermaß zugeschnitten. ▶

(1) Ein Boot muß so genau gebaut sein, daß man zum Anzeichnen des Spantgerüstes die Bb-Planke auf der Stb-Seite fürs Nageln anzeichnen kann.

(2) Die Formen von innen nach außen übertragen ist aufwendig. Vor dem Leimen gegenüberliegende Planke aufspannen.

(3) Gute Hilfe: Beim Anpassen drei Löcher bohren, Nägel ohne Kopf in Spantgerüst schlagen, auf die dann die mit Leim bestrichene Planke aufgesetzt wird. Genagelt oder geschraubt wird von der Mitte nach außen.

(4) Nägel entweder versenken oder Nagelleisten verwenden.

(5) Nach dem Putzen der Seitenplanken Boden verleimen. Wird der Rumpf farbig gemalt, reicht ein unabgedeckter Plankenstoß wie (6) und (7).

Für naturlackierte Rümpfe ist eine Abdeckung wie (8) und (9) zu empfehlen.

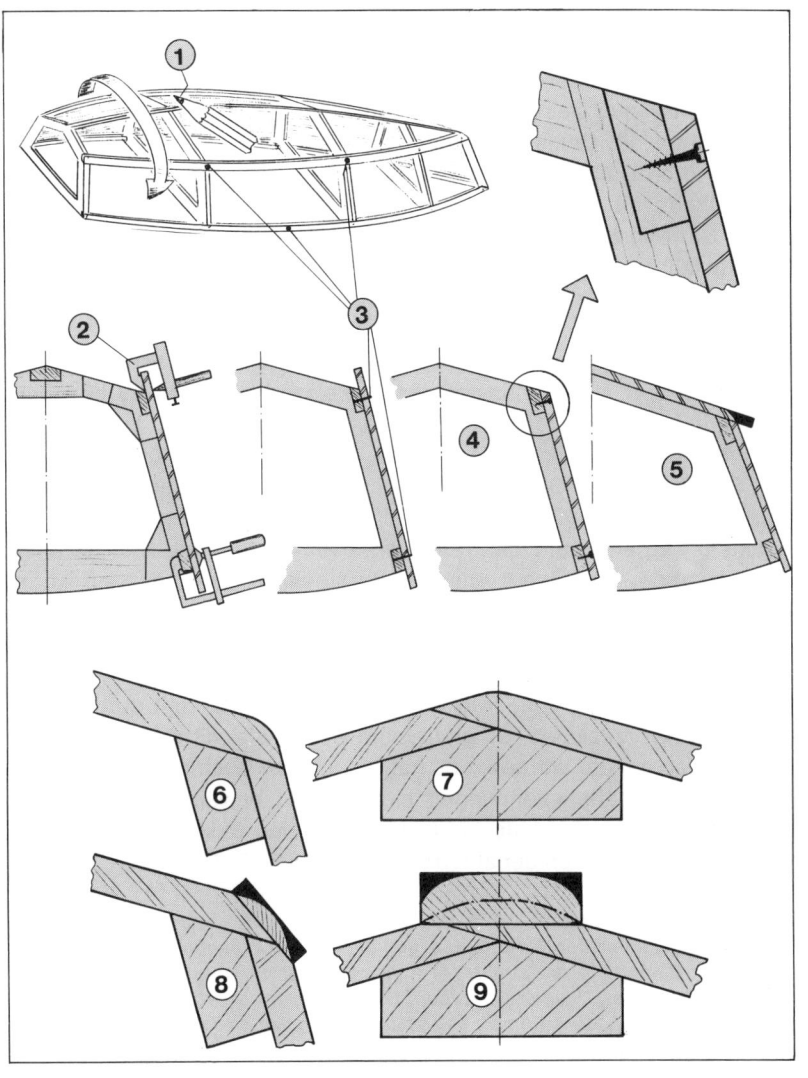

Knickspanter genäht

Naturvölker, besonders die Eskimos, nähen ihre Boote soweit man zu-
rückdenken kann. Das Nähen von Booten in der jetzigen Form ist erst
einige Jahre alt. Dementsprechend sind die genähten Konstruktionen
alle jüngeren Datums, also moderner. Da es sich vorwiegend um eine
Baumethode für Selbstbauer handelt, wurden auch die Baupläne aus
dieser Sicht besser auf die Anforderungen der Amateure zugeschnitten.
Das Resultat ist: Einfachere handwerkliche Anforderungen, bessere
Baubeschreibung, klarere Details und konsequent aufgestellte Material-
auszüge.
Gegenüber dem geplankten Knickspanter hat man es mit sehr viel weniger Teilen und völlig unkomplizierten Holzverbindungen zu tun. Eine
Helling in hergebrachter Art entfällt, da sich die Bootsform aus dem Zu-
sammennähen der Einzelteile ergibt, und der Rumpf durch Schotten
und Duchten soweit ausgesteift wird, daß besondere Bauspanten ent-
fallen. Zusätzlich muß man sich die Kenntnisse aneignen, wie man mit
Kunststoff arbeitet, um die Teile verkleben zu können. Das ist allerdings nicht der Rede wert. Auch die Verbindung Holz-Kunststoff ist un-
problematisch, da man vorzugsweise Epoxi als Harz verwenden sollte
und nicht das preiswertere Polyesterharz. Arbeitshinweise finden Sie in
den entsprechenden Abschnitten.
Das „Nähen" mit kurzen Drahtstücken ist dem Nähen mit durchgehendem Faden vorzuziehen. Es gibt einige Boote, die mit durchgehendem
Perlonfaden genäht werden, das hat jedoch den Nachteil, daß man ört-
lich stärkere Plattenspannungen nicht so gut bewältigt wie dies mit
Draht der Fall ist. Deshalb ist in den folgenden Skizzen die Baufolge
eines mit Drahtstücken genähten Bootes gezeigt.

Prinzipieller Arbeitsablauf beim genähten Knickspanter. (1) Anreißen (siehe ▶
dort); (2) Aussägen der Teile (siehe geplankter Knickspanter); (3) Zusammen-
nähen der Rumpfteile mit Draht; (4) Ausrichten des Rumpfes; (5) Rumpf innen
verkleben; (6) Rumpf außen verkleben; (7) Einkleben der Innenteile; (8) Verkle-
ben der Decks mit dem Rumpf; (9) Schleifen und Malen (siehe dort); (10) Be-
schläge anbauen (siehe dort).

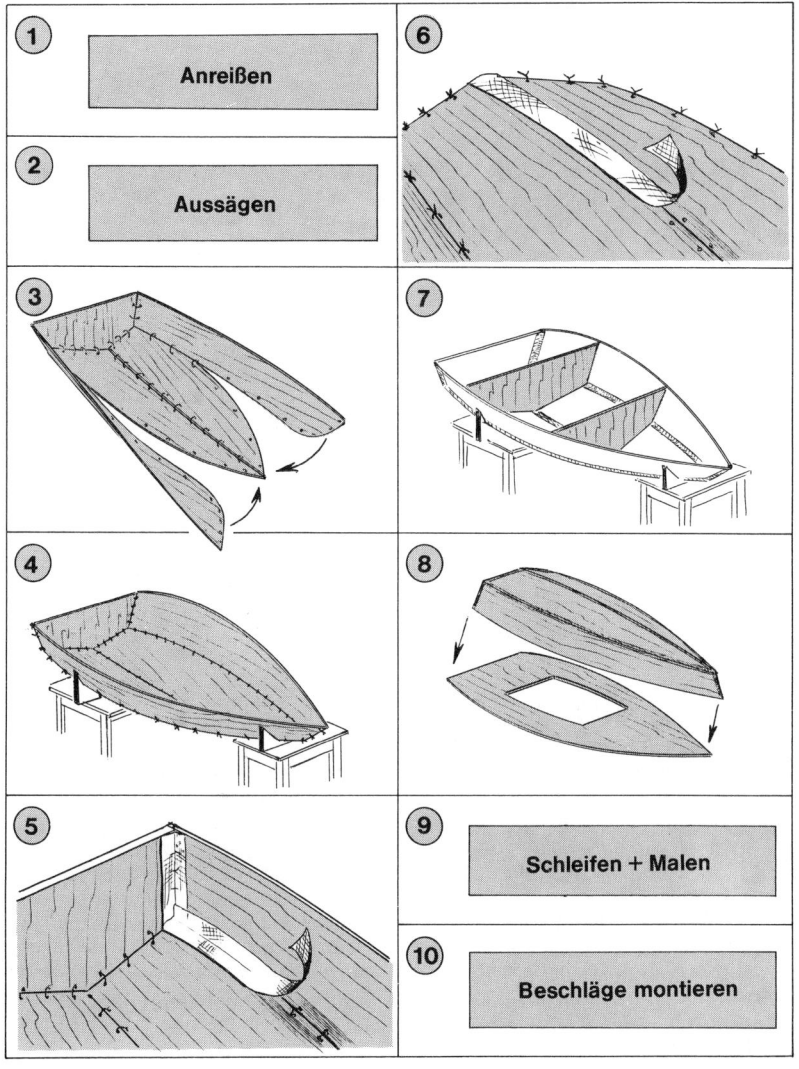

1. **Anreißen**
2. **Aussägen**
3.
4.
5.
6.
7.
8.
9. **Schleifen + Malen**
10. **Beschläge montieren**

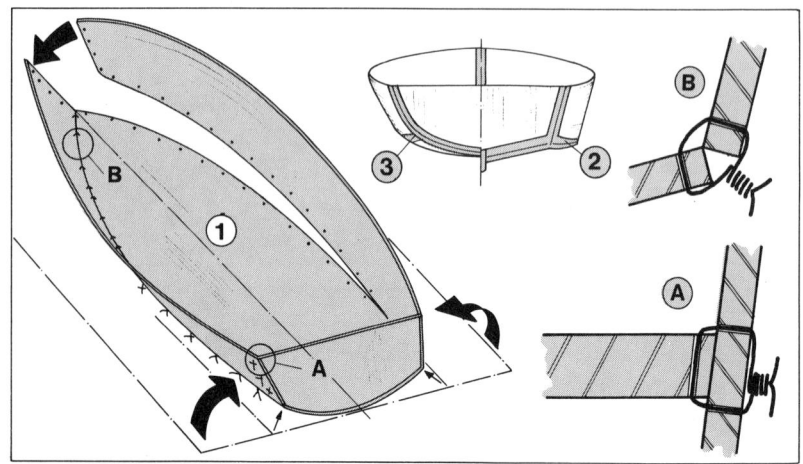

Zusammenbau der Rumpfteile. Die zugesägten Rumpfteile werden an den Näh-kanten gebohrt und mit Draht zusammengezogen (1). In der Regel wird zuerst der Spiegel eingesetzt, dann die Planken zusammengezogen. Detail (A) zeigt die Spiegelverbindung, Detail (B) die Kimmnaht. Es gibt zwei verschiedene Ver-fahren: (2) Vernähen einzelner Planken, (3) Rumpfform mit angenäherter Rund-spantform aus einer Platte ausgesägt und an den Spiegel gebogen.

Ausrichten des Rumpfes. Der zusammengenähte Rumpf wird auf zwei Böcke (1) ▶ und (2) gestellt und entweder nach dem Spiegel (3) oder (4) nach der Wasser-linie (nur wenn senkrechte Einbauten vorhanden sind) ausgerichtet.
Nähte überprüfen; (5) Richtige Verbindung; (6) Bodenplanke zu weit außen; (7) Seitenplanken zu tief; (8) Draht zu fest, Planke bricht aus.
(9) Spannen Sie eine Leine von Mitte Spiegel zum Bug, dann setzen Sie — so-fern nicht Schotten die Form ausreichend bestimmen — zwei Distanzlatten (10) mit entsprechender Rumpfbreite ein, auf denen die Mitte eingezeichnet ist. Wei-ter stellen Sie zur Querabstützung auf der größten Breite je eine senkrechte Lei-ste (11) auf. Leisten annageln (X + Y).
Worauf es ankommt: (A) Spiegel und Distanzleisten sind waagerecht und auf Mitte; (B) Spiegel ist links zu niedrig, Distanzlatte nicht auf Mitte; (C) große Di-stanzlatte ist nicht auf Mitte und rechts zu niedrig.
Die Abweichungen können mit Unterlagen oder Keilen ausgeglichen werden.

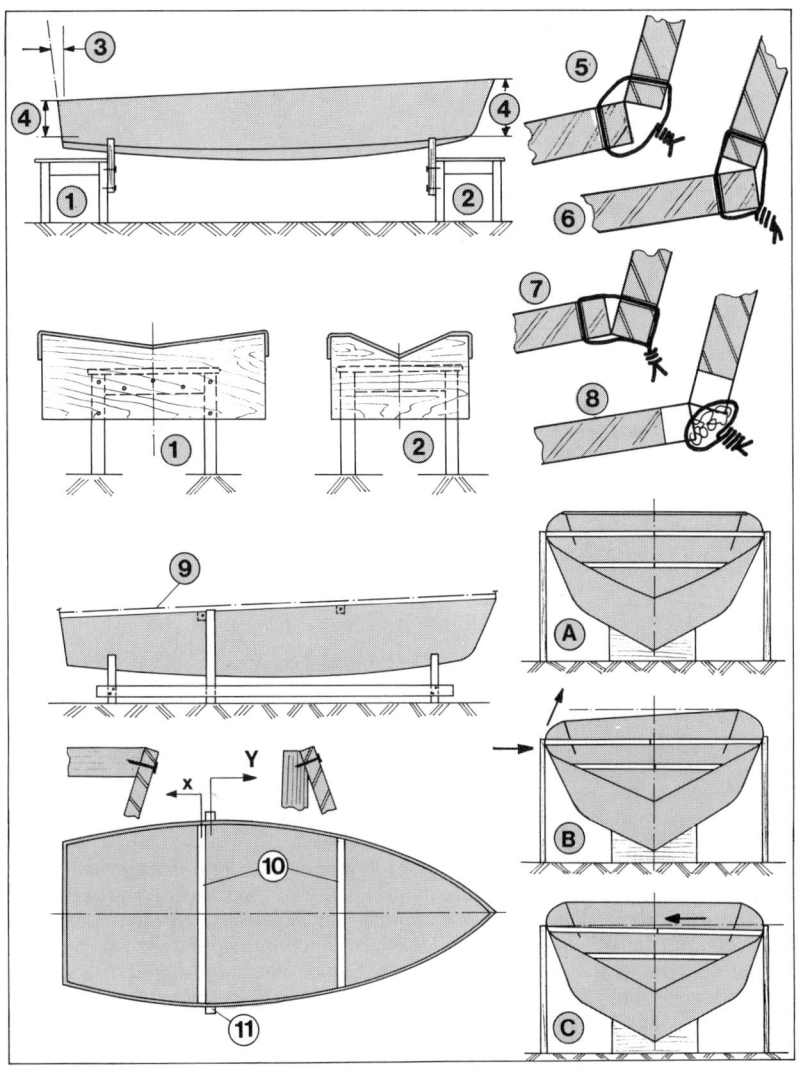

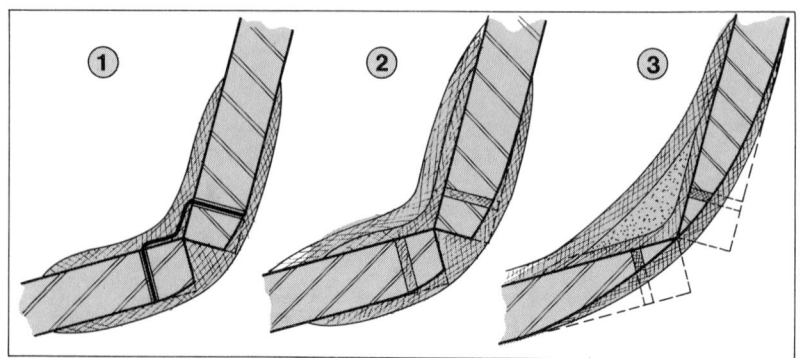

Kimmschnitte. (1) Draht bleibt im Rumpf, Kimm wird nur schwach abgerundet. (2) Draht kommt heraus, Kimm wird etwas weiter abgerundet. (3) Draht wird entfernt, innen eine Mischung aus Epoxi/Sägemehl aufgebracht und dann überlaminiert, wodurch eine starke Kimmrundung möglich ist. Die Arbeitsabläufe sind verschieden, s. rechts.

Arbeitsgänge des Verklebens. (A) Drähte bleiben im Rumpf: Ist der Rumpf entsprechend ausgerichtet, werden die Drähte innen mit dem Hammer in die Plankenecke gedrückt (1) und danach innen alle Nähte mit einer Lage Glas verharzt (2). Nach dem Aushärten dreht man den Rumpf um und kneift die Drähte außen ab (3). Die verbleibenden Drahtspitzen (4) werden glattgefeilt. Der Rumpf ist inzwischen steif genug, um die Kimm abzuhobeln (5). Jetzt wird die Naht außen überklebt (6), und schließlich wird bei gemalten Rümpfen der Übergang Matte/ Rumpf noch gut ausgespachtelt (7).
(B) Drähte werden entfernt: Nachdem der Rumpf ausgerichtet ist, harzt man zwischen den Drähten kleine Mattenstreifen (1) auf. Nach dem Aushärten geben die Streifen dem Rumpf ausreichende Stabilität, um die Drähte zu entfernen. Jetzt kann man je nach Kimmform entweder gleich innen durchgehende Streifen aufharzen (2) oder erst die Kimm mit einem Epoxi-Sägespäne-Gemisch ausstreichen (3) und nach dem Aushärten mit einem durchgehenden Mattenstreifen abdecken (4). Schließlich wird der Rumpf umgedreht, die Kimm entsprechend abgehobelt (5), überklebt (6) und gespachtelt (7).

58

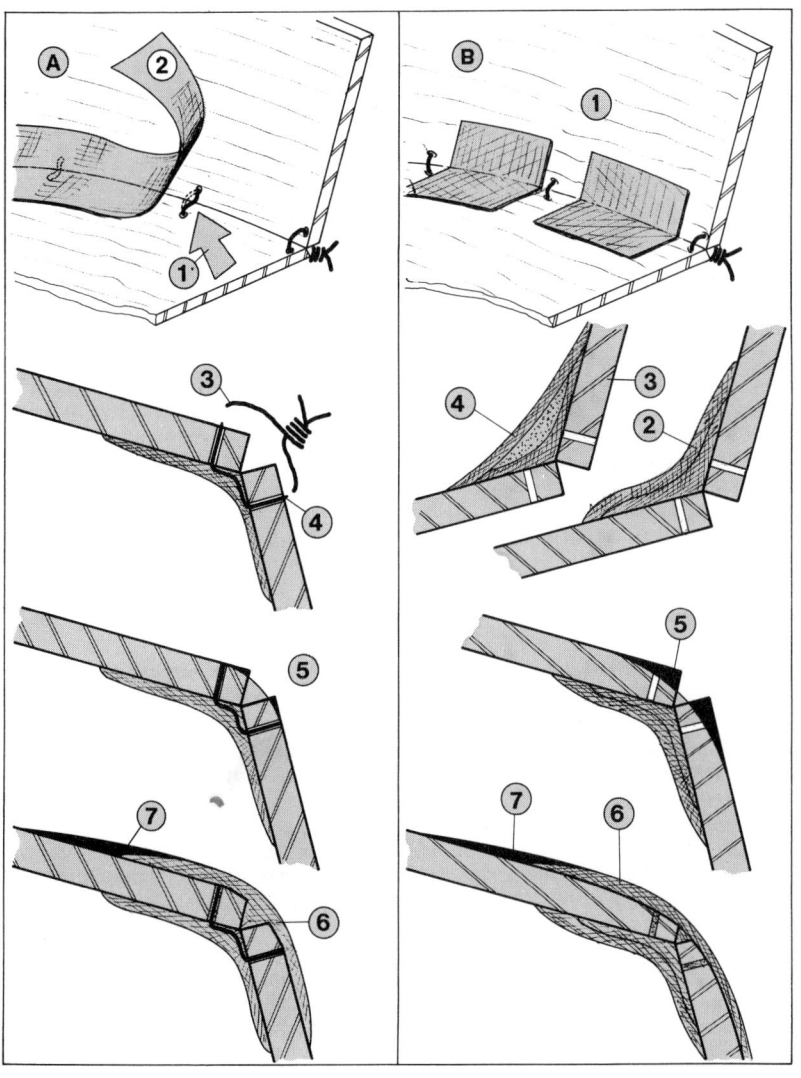

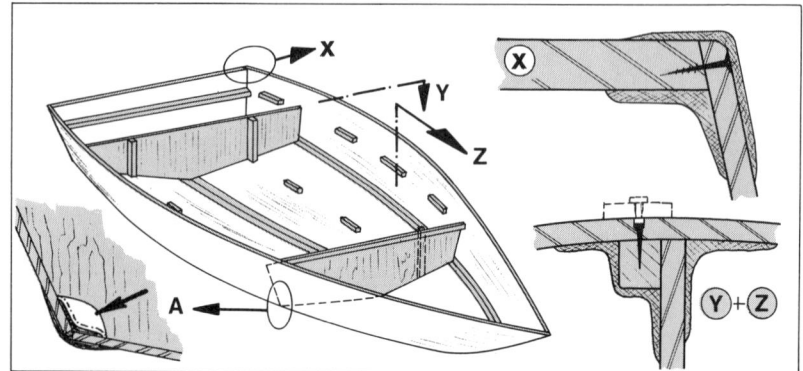

Einbau der Innenteile. (X) Der dicke Spiegel ist eingeleimt, genagelt und verklebt. Die Auflageklötze für Schotten und Duchten (Y) + (Z) sind angeleimt, genagelt und verklebt.
Man sollte bei dieser Bauweise mit Nagelleisten arbeiten (gestrichelt in Y + Z), um die Nägel später entfernen zu können. Ein Fehler wird von vielen Selbstbauern gemacht: Detail A zeigt die Kimm geschnitten am Schott. Im Bauplan ist das Schott eckig gezeichnet. Versuchen Sie es nicht mit Gewalt in die Kimmecke zu pressen. Sägen Sie das Schott entsprechend aus, etwas Luft ist zu empfehlen. Soll das Schott wasserdicht sein, wird die Ecke nicht als Nüstergat angesägt, sondern eingepaßt und dicht laminiert.

Verkleben von Rumpf und Deck. Der Rumpf (1), je nach Konstruktion mit Schotten (2) oder ohne Einbauten, wird kopfüber auf das mit den notwendigen Versteifungen (3) verleimte Deck aufgelegt. Die strichpunktierte Linie (4) ist die Außenkante Rumpf, die man aus dem Bauplan auf das Deck zeichnet. Der Rumpf wird mit Sandsäcken oder Steinen so weit beschwert, daß er überall auf dieser Linie anliegt. Dann wird je nach Art der Verbindung von außen mit einem Mattenstreifen gleich alles abgeklebt (5) oder mit Nägeln, die später wieder entfernt werden, das Deck geheftet (6). Rumpf umdrehen und von innen einen durchgehenden Glasstreifen aufharzen (7). Duchten werden ebenfalls eingeklebt: (8) = Außenlage Ducht; (9) = Innenlage Ducht; (10) = Weger; (11) = Scheuerleiste.
Nach der Verbindung Deck/Rumpf biegt man, z. B. wie in Skizze (Y), die Längsduchten ein und verklebt sie, oder man setzt Schotten und Cockpit-Seitenwände ein (Z) und verharzt sie. Es reicht, die Teile wie in Skizze (12) mit Nägeln zu heften, um sie an der richtigen Stelle zu halten. Die Festigkeit wird vom Laminat übernommen.

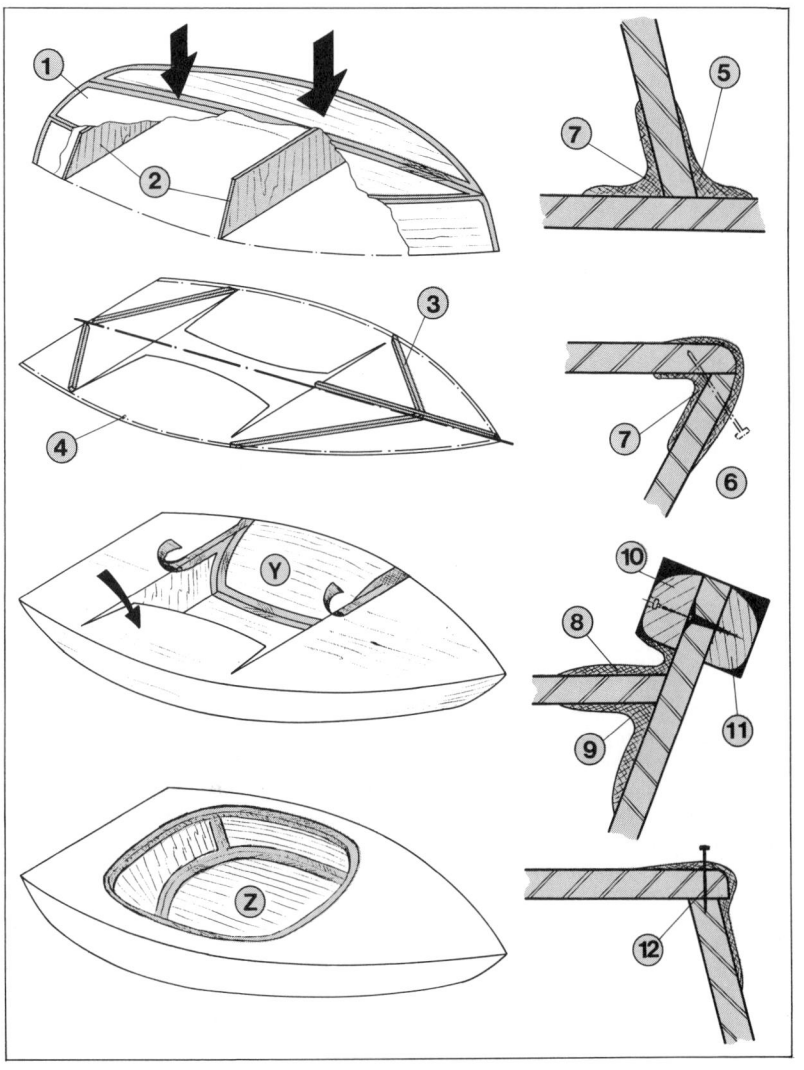

Kunststoffrümpfe im Selbstbau

Es existieren zahlreiche kleine und große GFK-Boote bester Qualität, die im Selbstbau entstanden sind. Wenn ich dennoch hier ein eher negatives Bild des GFK-Selbstbaues male, so aus der festen Überzeugung, daß mehr Wracks als gute Boote existieren.

Es gibt — wie schon erwähnt — zwei grundsätzlich verschiedene Prinzipien, einen Kunststoffrumpf zu bauen. Das Negativ- und das Positiv-Verfahren.

Das Negativ-Verfahren im Selbstbau hat nur dann Sinn, wenn man eine nachgewiesen gute Form bekommt und entweder Erfahrung im Umgang mit Kunststoffen hat oder ausreichend beraten wird. Trotz allem ist und bleibt es ein Verfahren für die Massenproduktion.

Für den „Kunststofflaien" ist es sicherer, den fertigen Rohrumpf aus GFK zu kaufen und ihn in Eigenarbeit zu dem zu machen, was man für erstrebenswert hält.

Beim Positiv-Verfahren ist es die finanzielle Verlockung, die zum Bau verleitet. Die schwierige Arbeit, eine gute Oberfläche herzustellen, wird meist erst zu spät erkannt.

Wenn Sie sich zum Selbstbau eines GFK-Bootes entschließen, empfehle ich das Buch von Willi Empacher über den Bau von Kunststoffbooten (siehe Quellenverzeichnis). Die Skizzen (rechts) sollen nur das Prinzipielle im Aufbau der beiden genannten Verfahren zeigen.

Rechts oben: Prinzipielle Arbeitsfolge beim Bau eines GFK-Bootes in einer Leih- ▶
form (negativ). Einbringen von (1) Trennwachs; (2) Trennlack; (3) Feinschicht
(auch als Deckschicht oder Gelcoat bezeichnet); (4) Oberflächenvlies bzw. Ober-
flächenmatte; (5) Laminataufbau; (6) Verstärkungen für Spiegel, Kiel, Weger,
Stringer usw.
Rechts unten: Prinzipielle Arbeitsfolge beim Bau eines Kunststoffbootes auf
einem Kern (positiv).
(X) Aufstellen der Mallen (Formen); (Y) Abdecken der Mallen als Grundlage für
die Innenseite des Rumpfes. Danach werden gegenüber dem Negativ-Verfahren
in umgekehrter Folge Trennwachs (1), Trennlack (2), Laminat mit Verstärkungen
(3), Oberflächenvlies bzw. Oberflächenmatte (4) aufgebracht. Die Oberflächen-
qualität wird durch viel Schleifen und Spachteln (5) bestimmt und dann mit der
Deckschicht (6) abgeschlossen.

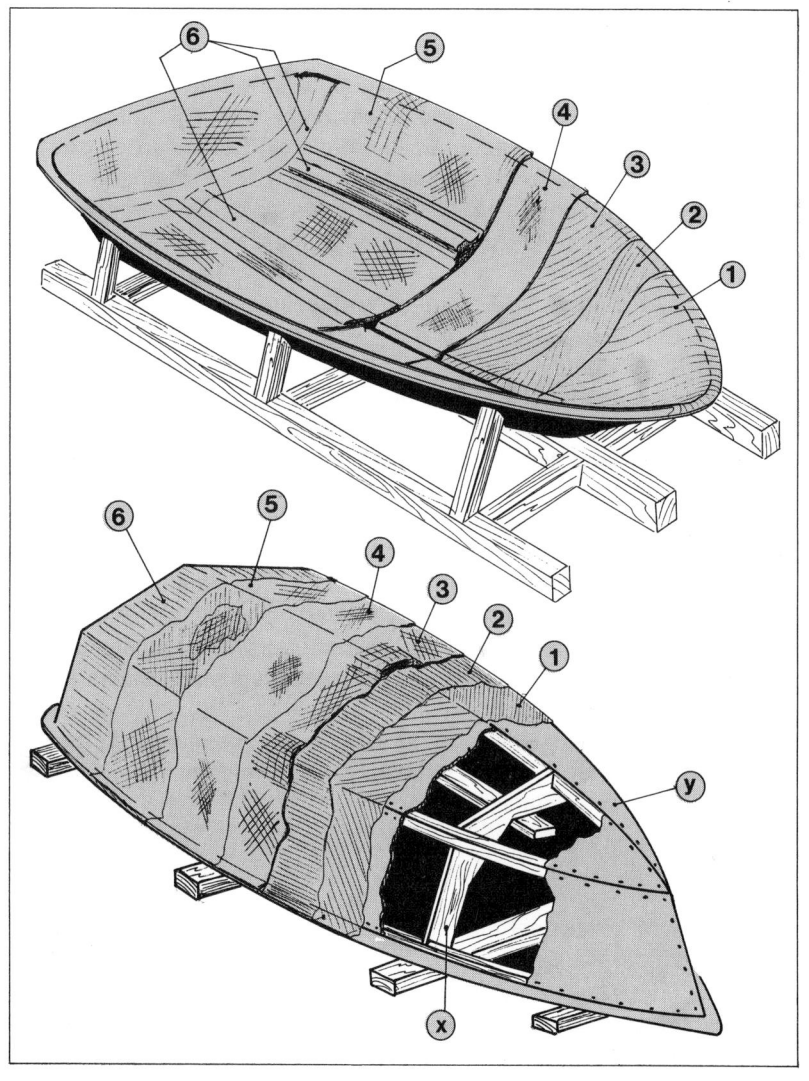

Halbfabrikate als Ausgangspunkt

Die Verwendung von vorgefertigten Teilen für den Bau von Booten hat für den Anfänger Vorteile. Er muß zwar mehr Geld investieren, setzt aber Risiko und Bauzeit herab. Er kann je nach Baustufe den optimalen Weg zwischen Bauzeit und handwerklichen Anforderungen finden. Des weiteren hat man die Möglichkeit, Boote zu bauen bzw. weiter zu bauen, die im totalen Selbstbau nicht oder nur unter größtem Aufwand herzustellen sind.

Der Markt bietet hierfür im wesentlichen die folgenden Wege:

● *Baupaket*

Ein Baupaket ist das gesamte Material für den Bau eines Bootes. Man spart die sehr mühevolle Arbeit der Materialbeschaffung, was besonders bei schlechtem oder fehlendem Materialauszug sehr problematisch werden kann.

Das Baupaket darf im Preis nicht wesentlich teurer als das Material im Einzelkauf sein, da der Konstrukteur oder die Vertriebsfirma das Material mit den im Großhandel üblichen Rabatten beschafft, während der Endverbraucher auch Endpreise bezahlt. Das jedoch sollte man für einige Materialgruppen beim nächsten Händler überprüfen. Stellen Sie dabei zu große Differenzen fest, ist es besser, mit dem Materialauszug einzukaufen.

Ein Baupaket muß entweder alles für den Bau notwendige Material enthalten oder so gegliedert sein, daß man daraus ersehen kann, was man nach dem Kauf des Baupaketes noch nicht hat: z. B. Nägel, Schrauben usw.

● *Baukasten*

Als Baukasten bezeichnet man im allgemeinen einzelne Teile, aus denen man, ohne sie zu bearbeiten, etwas bauen kann.

Auf Boote übertragen, kann diese Definition nicht hundertprozentig aufrechterhalten werden, da die Holzverbindungen verleimt und das Holz angemalt werden müssen. Trotzdem muß vom Baukasten zum Baupaket ein wesentlicher Unterschied bestehen. Während beim Baupaket z. B. ganze Sperrholzplatten geliefert werden, müssen die Außenhautteile beim Baukasten zugeschnitten sein. Im Idealfall so genau, daß nur noch ein Putzen der Kanten notwendig ist. Dafür ist der Baukasten wesentlich teurer als das Baupaket. Leider wird in der Werbung das „Baupaket" häufig durch „Baukasten" ersetzt.

Es bleibt natürlich problematisch, diesen Umfang analog auf die verschiedenen Bootstypen und Bootsgrößen zu übertragen. Grundsätzlich sollte aber der Baukasten die Gesamtarbeitszeit auf mindestens 50% gegenüber dem totalen Selbstbau einschließlich der Materialbeschaffung senken.

● *Rumpf zum Weiterbau*

Nimmt man einen vorgefertigten Rumpf als Ausgangspunkt, reduziert man nicht nur das Risiko, sondern kann die fortschrittlichsten Rumpf- und Spantformen zur Grundlage seines Bootes machen.

Voraussetzung ist, daß man erstens eine Werft davon überzeugen kann, eine Schale eines gut laufenden Bootes zu verkaufen und zweitens, das Finish so hinzubekommen, daß man aus einem guten Rumpf keine Krücke baut. Genau das ist heute noch das Hauptargument vieler Kunststoffbauer, daß sie nicht bereit sind, einen Rumpf aus ihrer Produktion zu ziehen und zu verkaufen.

Die Realität sieht anders aus. Als gutes Beispiel kann man den formverleimten Rumpf nehmen. Hier wird bewiesen, daß Weiterbauten durch Selbstbauer nicht zu den schlechtesten gehören. Formverleimte Rümpfe werden etwa zu gleichen Teilen an Maßschneiderwerften und an Selbstbauer geliefert. Die Schiffe, die daraus entstehen, sind qualitativ als vorzüglich einzustufen. Es ist also nicht einzusehen, warum die Kunststoffwerften nicht auch in zunehmendem Maße an Selbstbauer verkaufen. Die Wahrscheinlichkeit nimmt aber von Jahr zu Jahr zu, daß man auch einen guten Rumpf aus einer Serienwerft bekommt, da sich im Bootsbau betriebswirtschaftliches Denken immer mehr durchsetzt, wenn auch zur Zeit viele Ausbaurümpfe noch zu überhöhten Preisen verkauft werden.

● *Formverleimte Rümpfe als Ausgangspunkt*

Die formverleimten Schalen sind vorzugsweise Rundspanter. Sie sind allen anderen Holzrümpfen mit Abstand überlegen. Das Verfahren eignet sich allerdings in dieser Form nicht für den Einzelbau, da der Rumpf über einen Kern verleimt wird, dessen Kosten so hoch sind, daß man sie auf eine Serie aufteilen muß. Auch die Technik des Verleimens ist relativ aufwendig, die Furniere werden unter Vakuum verpreßt. Die Holzauswahl ist ein weiterer Punkt, der den Einzelbau eines Amateurs qualitativ in Frage stellen würde. Als Grundlage zum Weiterbau ist der formverleimte Rumpf allerdings – wie schon gesagt – eine ideale Voraussetzung. Rechts sehen Sie die Baufolge mit einem formverleimten Rumpf als Grundlage sowie einige Details der Einbauten und des Decks.

Für den Einzelbau (auch Selbstbau) eignet sich das diagonale Planken über Mallen und Längsstringer.

Arbeitsablauf beim Bau eines Bootes mit formverleimtem Rumpf: Der Rumpf (1) ▶ *wird mit Kiel-, Steven-, Spiegelverstärkung und den Balkwegern geliefert. Schotten (2), Rahmen, Spanten (3) und Deckbalken (4) werden nach Bauplan eingeleimt und das Deck (5) mit Leim aufgesetzt.*

Die Schotten und Rahmenspanten (6) setzt man vorzugsweise an Hilfsspanten (7), das sind Leisten, die in der Stärke so gewählt werden, daß sie sich gut an die Rumpfform anpassen und sich ohne Mühe zwischen Kiel und Weger biegen lassen. Wo sie nicht ganz am Rumpf anliegen, heftet man sie nach dem Einstreichen mit Leim mittels kleiner Stifte (8) fest.

Die Decksbalken können, wie der konventionelle Bootsbau es macht, in Knaggen (9) am Balkweger verleimt werden. Eleganter und einfacher geht es, wenn man den Weger wie in (10) schräg aussägt und in diesen Ausschnitt den Decksbalken einleimt und mit einer Schraube festzieht (s. auch Decksbau). Für naturlackierte Rümpfe werden die Außenfurniere längs (11), für farbig gemalte diagonal (12) verleimt.

Achtung! Zum Bau wird der Rumpf wie der genähte Knickspanter aufgestellt und ausgerichtet. Tun Sie es auch dann, wenn der Hersteller sagt, es sei nicht notwendig.

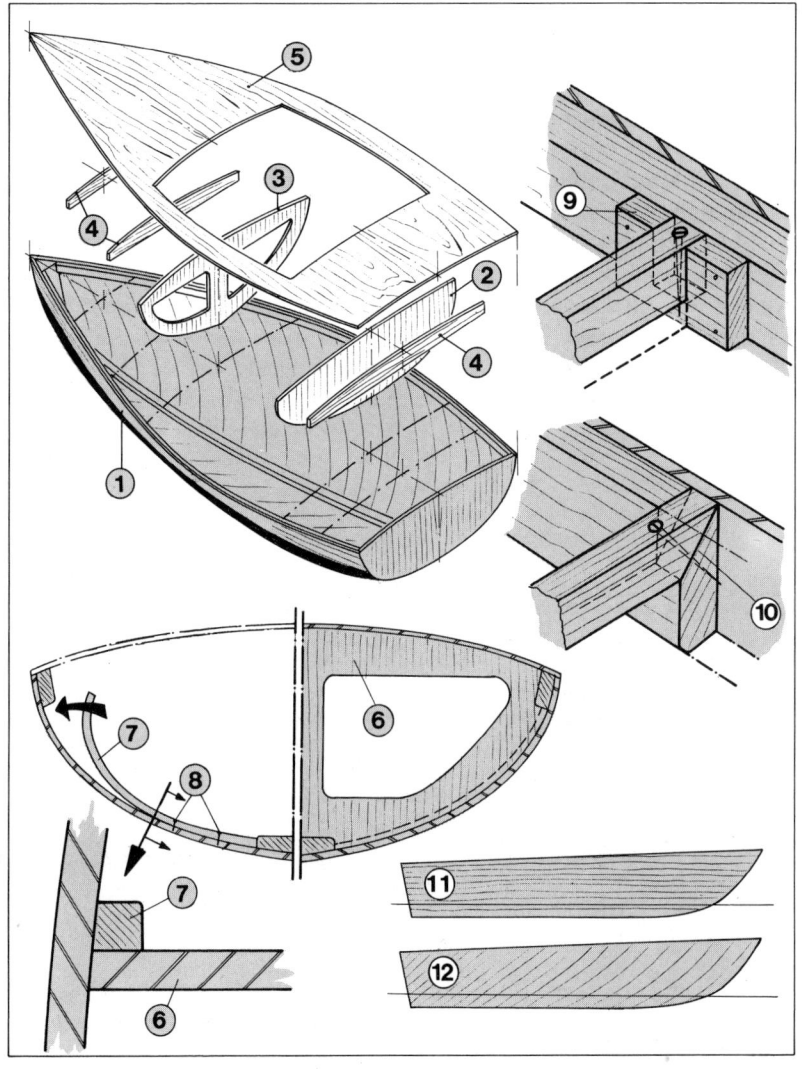

● *Kunststoffrumpf zum Weiterbau*

Die Kombination von einem fertig gekauften Kunststoffrumpf mit selbstgebauten Einbauten und Holzdeck bietet einen vernünftigen Weg, ein Boot nach persönlichen Vorstellungen zu gestalten und es somit klar gegenüber dem „Boot von der Stange" aufzuwerten. Dies gilt insbesondere für Motorboote. Doch besonders hier darf man nicht davon ausgehen, daß die Kosten weit unter dem Werftendpreis liegen. Sitze, Lenkung, Schaltung usw. sind teuer und selbst gebaut nur ein schlechter Kompromiß (siehe Sitze, Windschutzscheibe).
Wenn die Werft darauf eingeht, sollten Sie sich den Decksweger gleich einlaminieren lassen.

Arbeitsablauf beim Bau eines Bootes mit einem fertigen Kunststoffrumpf. In den ▶
Rumpf (1) werden zuerst die Weger (2) eingebaut. Das ist besonders bei stark belasteten Booten nicht ganz problemlos. Es gibt im wesentlichen drei Rumpfkanten: (A) Gerade auslaufendes Laminat; hier hat man ohnehin keine andere Wahl als den Weger von innen anzusetzen. (B) Nach außen gebogener Flansch; diese Version könnte dazu verleiten, den Kragen stehen zu lassen, das hat aber wenig Sinn, da er nie zur Schmiege des Sperrholz-Decks paßt. (C) Nach innen gebogener Flansch. Er ist dann am besten, wenn er zur Decksschmiege paßt (selten). Deshalb muß er fast immer abgeschnitten werden. Da das Laminat über die Form hinausgezogen wird, muß der Kragen besäumt werden (Winkelschleifer oder Stichsäge).
Die Skizze (D) zeigt wie man den Weger anbringt. Weger gut anpassen und die Löcher (X) für die Verschraubung bohren (sie sollten versetzt sein). Dann wird ein Mattenstreifen (Y) aufgeharzt. Bevor das Harz geliert, muß der Weger fest verschraubt sein. Jetzt läßt man das Harz abbinden und klebt einen zweiten Mattenstreifen (Z) auf. Die Schotten (3), Spanten (4) und Wrangen (5) werden wie in Skizze (E) mit Mattenstreifen, soweit es geht, von beiden Seiten verklebt. Etwas Luft vom Einbauteil zum Rumpf ist zu empfehlen. Schließlich werden die Decksbalken (6) eingesetzt (s. Decksbau), die Schmiege gehobelt und das Deck (7) aufgeleimt.
Achtung! Der Rumpf wird zum Bau wie der des genähten Knickspanters aufgestellt und ausgerichtet (auch wenn der Hersteller das Gegenteil behauptet).

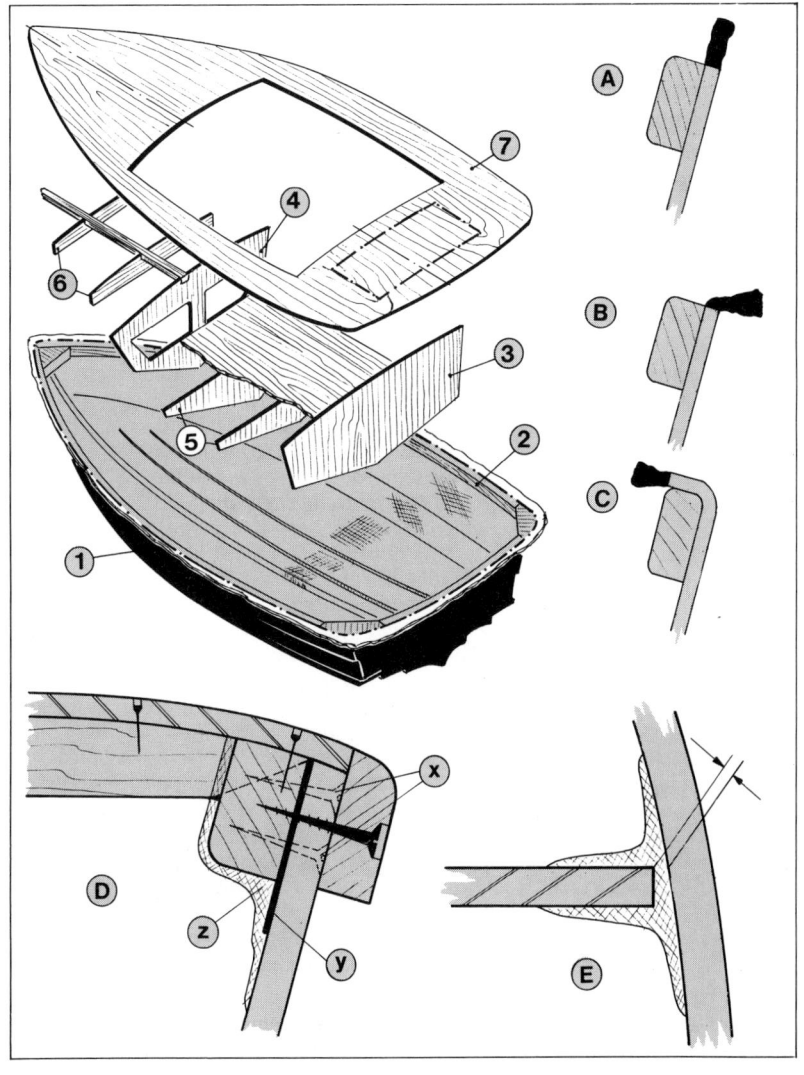

● *Kunststoffboote in Einzelteilen*

Das Kunststoffboot als Baupaket, d. h. die Teile nicht zusammengebaut, wird immer häufiger angeboten.

Ein wesentlicher Faktor wird hierbei meist übersehen: Man verliert gleichzeitig die Garantie für wesentliche Punkte am Boot, z. B. für die Verbindung Deck/Rumpf, die einwandfreie Befestigung der Beschläge und vieles mehr.

Wer ein Boot ganz selbst baut, ist sich dieser Probleme viel eher bewußt als ein Anfänger, dem von der Werbung suggeriert wird, daß man ja nur die fertigen Teile „einfach" zusammenbauen müsse.

Arbeitsfolge beim Zusammenbau eines GFK-Bootes aus Einzelteilen. ▶

(1) Besäumen des Rumpfes mit Stichsäge oder Winkelschleifer; (2) Einkleben der Einbauten soweit dies ohne Deck möglich ist. Schnitt (A): Einbauteil wird von beiden Seiten mit Mattenstreifen anlaminiert. Schnitt (B): Einbauteil ist auf einer Seite auf festen Kunststofflansch mit einer oder zwei Zwischenlagen aufgeklebt und von der anderen Seite mit einem Mattenstreifen verharzt.

(3) Montage der Beschläge an Rumpf und Deck (siehe Beschläge).

(4) Verkleben von Rumpf und Deck. Schnitt (C): Das Deck wird aufgesetzt und nach der Rumpfkante besäumt. Preßklötze und Schraubzwingen sowie Mattenstreifen zur Verklebung der Flansche vorbereiten. Die Mattenstreifen werden auf den Rumpfflansch mit Harz aufgetupft oder aufgerollt (X), dann wird das Deck aufgelegt und vor dem Gelieren mit Schraubzwingen verpreßt, geschraubt oder verpoppt. Nach dem Aushärten wird von innen ein weiterer Mattenstreifen verharzt (Y). Beim Verkleben von Rumpf und Deck muß darauf geachtet werden, daß man die Klebestellen an Schotten oder Längsduchten, nicht vergißt.

Für den Amateur ist es nicht einfach, alle diese Klebestellen fachgerecht fest und dicht herzustellen. Schnitt (D) ist die Verbindung Ducht mit Bootsboden. Die mit dem Deck zusammenhängende Ducht wird an einen Winkel oder Absatz (gestrichelt) mit Matte und Harx (X) angeklebt und von außen überlaminiert.

Sehr schwierig, ja stellenweise unmöglich für den Amateur, wird der Versuch, z. B. die Abschottung der Stauräume wasserdicht zu verkleben. Schließlich werden noch die Luken und Lukendeckel besäumt, die Dichtungen aufgeklebt und die Scheuerleisten aufgesetzt. Soll das Finish stimmen, müssen alle sichtbar aufgeharzten Mattenstreifen gespachtelt, geschliffen und mit einer Deckschicht überzogen werden.

Achtung! Rumpf muß vor Baubeginn genau ausgerichtet werden (wie geklebte Knickspanter), auch wenn dies nicht in der Bauanleitung steht.

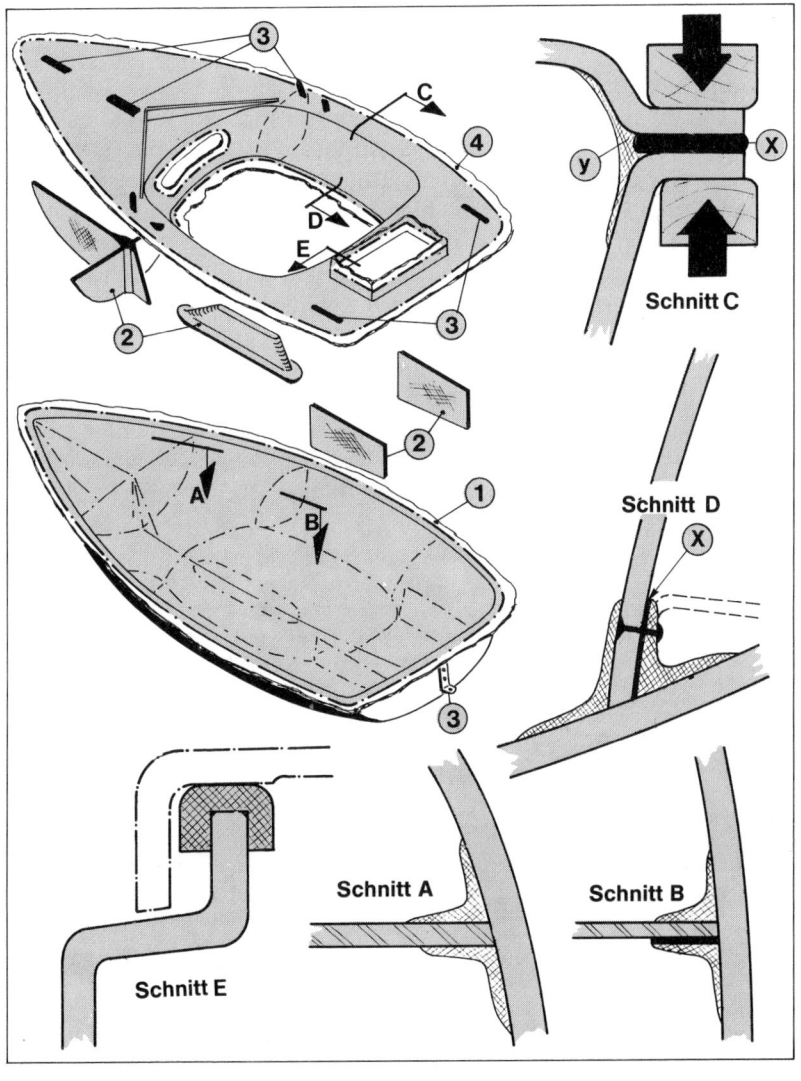

Schnitt C

Schnitt D

Schnitt A

Schnitt B

Schnitt E

Sperrholzdecks

Für den Selbstbauer kommt nur eine Decksart in Frage, das Sperrholzdeck. Das ist auch im Bootsbau nicht anders, wenn man vom Kunststoff- und Stahldeck absieht. Auch auf Sperrholzdecks kann man ein Teakstabdeck verlegen, was für kleine Boote aber aus Gewichtsgründen nicht in Frage kommt. Trotzdem bietet sich die Möglichkeit, auch diesen Effekt ab 8 mm Decksstärke zu erreichen. Abgesehen von Teakdecks bietet aber das Sperrholz mit seiner Maserung sehr viele Möglichkeiten, um sein Boot so zu bauen, daß es sich wohltuend von einem „Boot von der Stange" unterscheidet. Ich nenne hier absichtlich nicht die Grundlage zur Deckskonstruktion, da man als Laie schwere Rückschläge in bezug auf Festigkeit erleben kann. Wenn Sie keinen Bauplan für ein Deck haben, sollten Sie sich mit dem Hersteller des Rumpfes oder einem Konstrukteur zusammensetzen. Lehnen Sie auch diesen Weg ab, dann finden Sie im Quellenverzeichnis einige Bücher über Bootskonstruktionen.

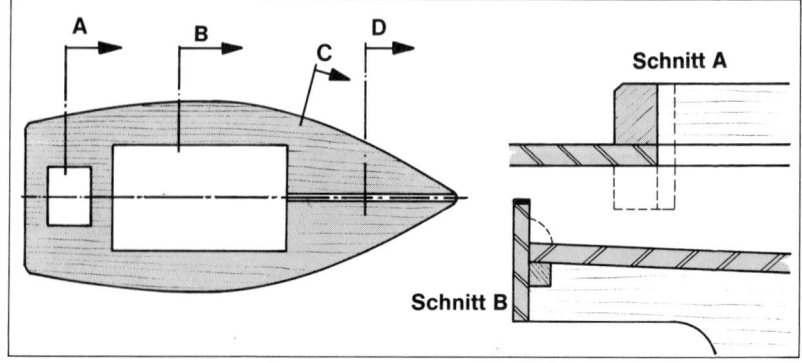

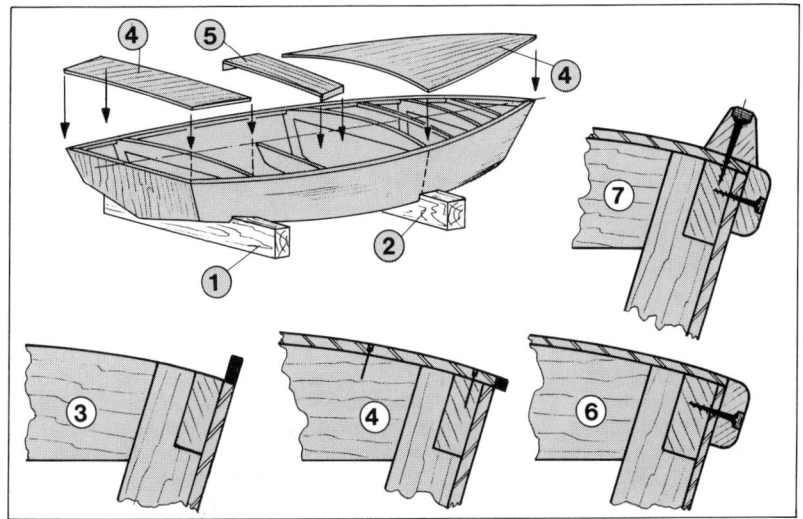

Verleimen der Decks- und Einbauten. Bauen Sie sich zwei oder falls erforder-lich drei Auflageböcke (1) und (2). Die Maße können Sie dem Spantplan ent-nehmen.

Die Skizzen 3, 4, 6 und 7 zeigen Details zu Schnitt C der vorhergehenden Skizze. Decksweger und die Seitenplanken putzen (3), die Decks (4) und Einbauten (5) anpassen und verleimen. Schließlich die Scheuerleisten (6) und, wenn vorhan-den, die Schanzleisten (7) verleimen.

Achtung! Mit dem Verleimen von Decks, Duchten und sonstigen Einbauten wer-den oft Räume verschlossen oder unzugänglich gemacht. Sie müssen vorher lak-kiert werden.

◀ Übersicht der Decks-Details.

Schnitt A: Lukensüll verstärkt gleichzeitig das Deck als Schlinge (strichliert = Schlinge unter Deck).

Schnitt B: Aussteifung des Seitendecks durch Sperrholzknie, vorzugsweise durchgehend bis zu den Bodenteilen des Spants (siehe auch Abdecken von Schnittkanten). Schnitt C: siehe oben. Schnitt D: s. nächste Seite (Decksbalken).

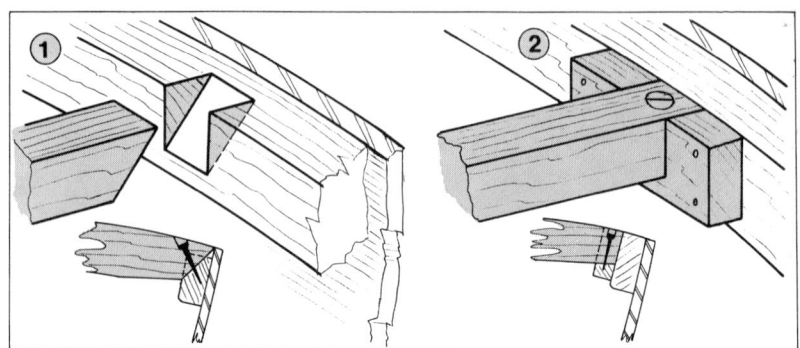

*Verbindung Decksbalken mit Weger. Der Abstand der Decksbalken, die dem
Deck die ausreichende Steifheit verleihen, ist kleiner als der Abstand der Bauspanten. Er beträgt im allgemeinen bei gewichtssparender Bauweise etwa 250
bis 300 mm. Es gibt neben anderen Möglichkeiten zwei Verbindungsarten, die
handwerklich nicht schwierig sind. (1) Die beste Art. Der Decksweger wird schräg
ausgeklinkt. Hier kann man die Schnitte quer zur Holzfaser mit der Feinsäge
ausführen und das Zwischenstück gut mit dem Beitel ausstemmen. (2) Das ist
die konventionelle Art. Der Decksbalken wird in einen mit dem Weger verleimten Knaggen eingesetzt.*

*Sperrholzdecks. Die in Längsrichtung des Bootes laufende Krümmung nennt ▶
man Decksprung (1). Die querschiffs liegende Deckswölbung heißt Bucht (2). Da
man Platten — wie schon am Anfang des Kapitels gesagt — nicht räumlich
krümmen kann, muß das Deck eine vorher bestimmte Form haben (was man dem
dem Konstrukteur überlassen sollte). Die Skizzen (3) bis (8) zeigen, wie man das
Sperrholz teilen kann, um nicht zu viel Verschnitt zu haben, und welche Effekte
mit der Maserung zu erzielen sind. (3) Geschälte Platten für Decks sollte man
auf keinen Fall verwenden. (4) Die Platte muß gemessertes Furnier haben. (5)
Wenn das Boot so lang ist, daß man mit der Plattenlänge nicht mehr auskommt,
muß man schäften. Das macht man dort, wo der Stoß nicht zu breit ist (Schnitt
X-X). (6) Wenn man die Seitendecks vorne und hinten einschäftet, kann man die
Platten noch besser ausnutzen. (7) Die Seitendecks können mit der Maserung
auch querschiffs laufen. Vor- und Achterdeck kann in der Mitte geteilt sein
(Schnitt Y-Y) und die Maserung schräg gestellt werden. (8) Kommt man mit der
Decksstärke auf 8 mm, kann eine Decksplatte verwendet werden, deren Außen-
furnier als Teakstabdeck verleimt ist (besonders für Motorboote).*

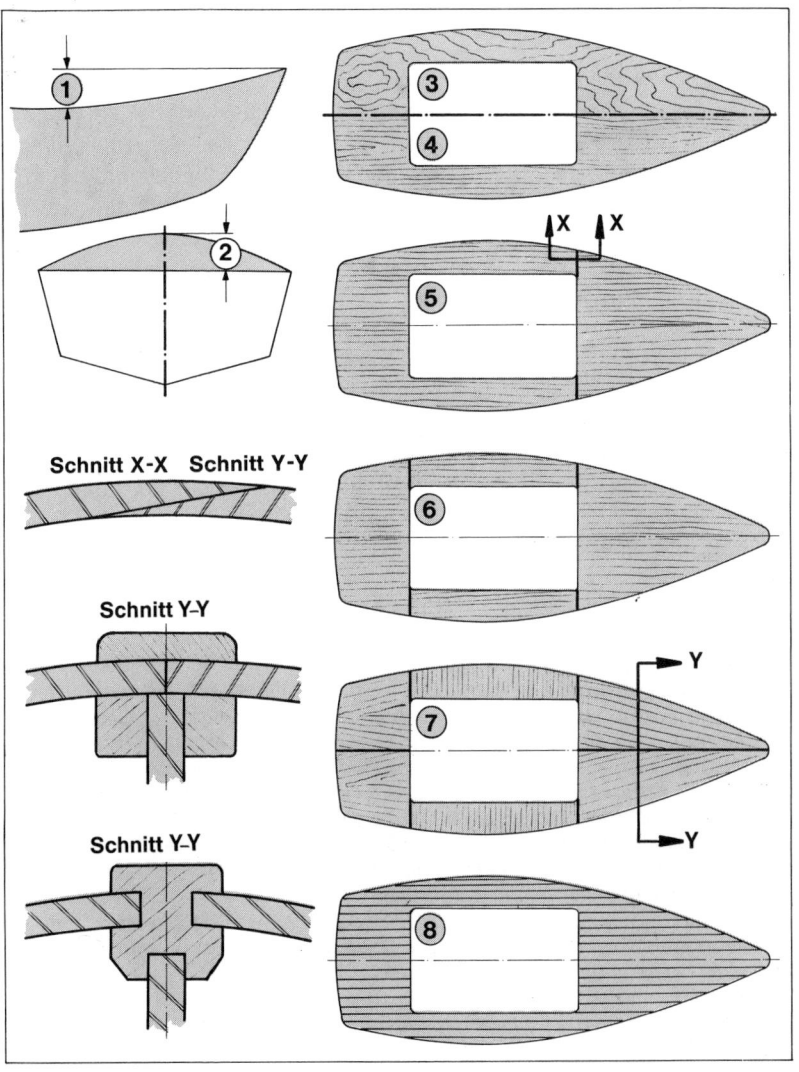

Schnitt X-X   Schnitt Y-Y

Schnitt Y-Y

Schnitt Y-Y

Segelboote

Jollen und Segelkajütboote sind die am häufigsten im Selbstbau entstehenden Bootstypen. Entsprechend ist auch das Angebot an Bauplänen und Halbfabrikaten am größten. Sie haben zusätzlich zum Rumpfbau drei Baugruppen, die im folgenden kurz besprochen werden. Ruder und Schwert siehe rechts. Details für Mast und Spieren finden Sie auf den folgenden Seiten.

Eine ganze Reihe von Jollenplänen bieten wahlweise das Holz- oder Alu-Rigg an. Das Alu-Rigg ist dem aus Holz überlegen. Dennoch kann man, wenn es zum Boot paßt, durchaus das Holzrigg wählen. Das gesparte Geld steht jedoch in keinem Verhältnis zur aufzuwendenden Arbeitszeit. Das beste Holz wäre astfreies, gut getrocknetes Spruce. Das ist jedoch selten und teuer geworden, deshalb sollte man astfreie Fichte oder Tanne wählen (ist nicht viel schlechter).

Profilmasten mit innenlaufender Güll sind sehr schwer zu bauen. Einfacher und als einzige Alternative vertretbar, sind für ganz kleine Boote Vollholzspieren und für Wanderjollen der Kastenmast mit aufgeschraubten Schienen.

Schwertkasten, Schwert und Ruder sind im Detail den Bauplänen zu entnehmen. ▶
Auf einige Punkte ist besonders zu achten, leicht fängt dort das Gammeln an.
(1) Schwertkasten vor dem Zusammenbau innen gründlich malen. Die Leimstellen der Gegenplatte gut abkleben und bis an den Streifen malen.
(2) Nach dem Verleimen den innen ausgepreßten Leim mit einem Band in die Ecke streichen. Später das ganze mit Farbe wiederholen.
(3) Ausrichten des Schwertkastens. Am Schwertkasten Leiste (a) befestigen und nach der mittschiffs gespannten Schnur (b) in Deckung bringen. Senkrecht mit Lot ausrichten, querschiffs durch Messung.
(4) Eingeklebter Schwertkasten. (a) Sehr wichtig ist das Einpassen, damit die Fuge zwischen Schwertkastenwand und Bodenplatte möglichst klein wird (Pfeil). (b) Durch Leiste abgedeckte Bodenkante.
(5) Auf Kiel gesetzter Schwertkasten, analog Skizze (4).
(6) Ruder und Schwert werden mit dem Hobel profiliert. Man hobelt ca. 45° zur Faser. Die Furniere (x) müssen gerade verlaufen (s. Schäften).

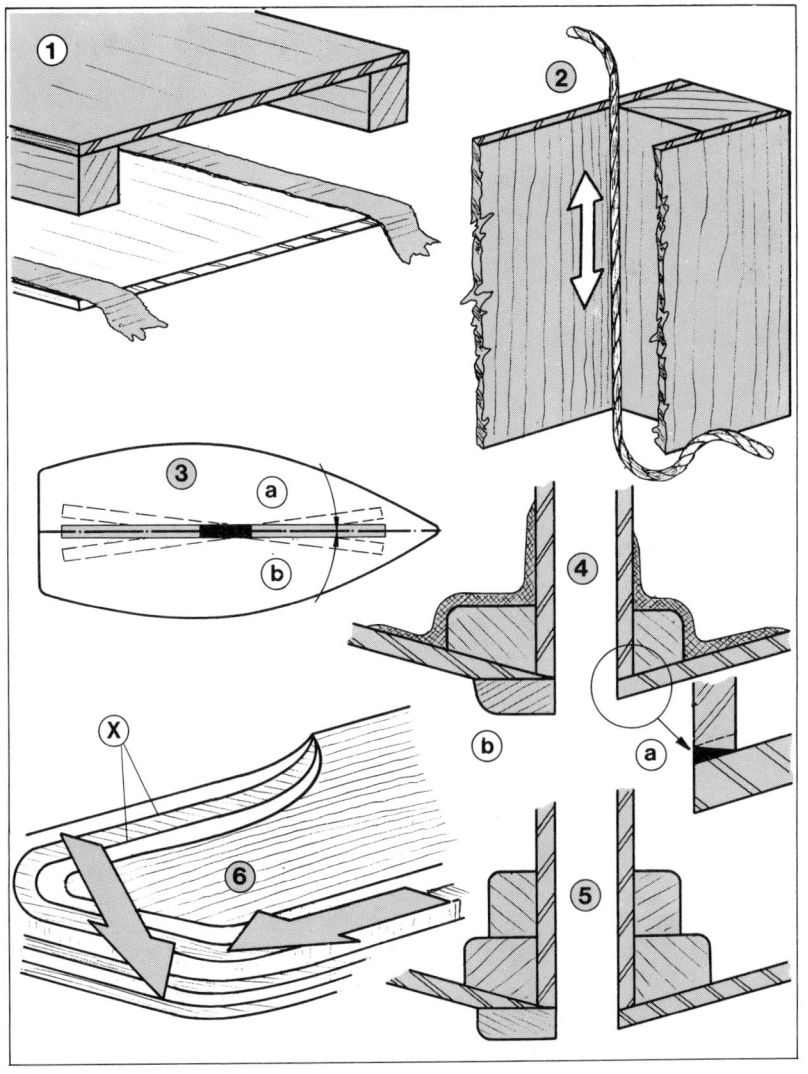

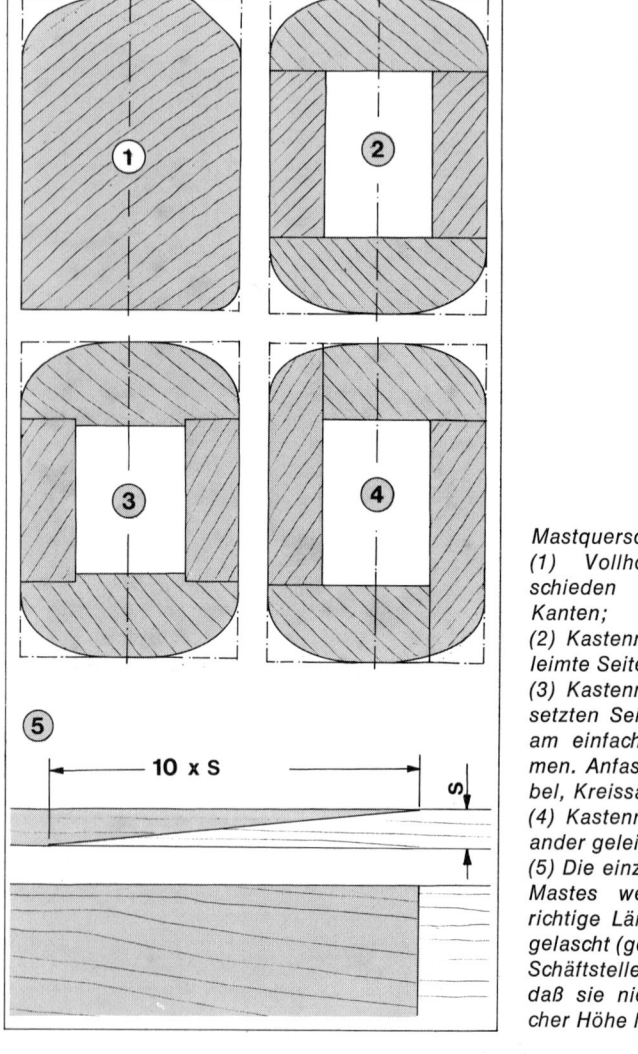

Mastquerschnitte.
(1) Vollholzspiere, ver-
schieden abgerundete
Kanten;
(2) Kastenmast, stumpfge-
leimte Seitenteile;
(3) Kastenmast mit einge-
setzten Seitenteilen, er ist
am einfachsten zu verlei-
men. Anfasen mit Simsho-
bel, Kreissäge oder Fräse;
(4) Kastenmast mit anein-
ander geleimten Teilen.
(5) Die einzelnen Teile des
Mastes werden auf die
richtige Länge zusammen-
gelascht (geschäftet).
Schäftstellen so versetzen,
daß sie niemals auf glei-
cher Höhe liegen.

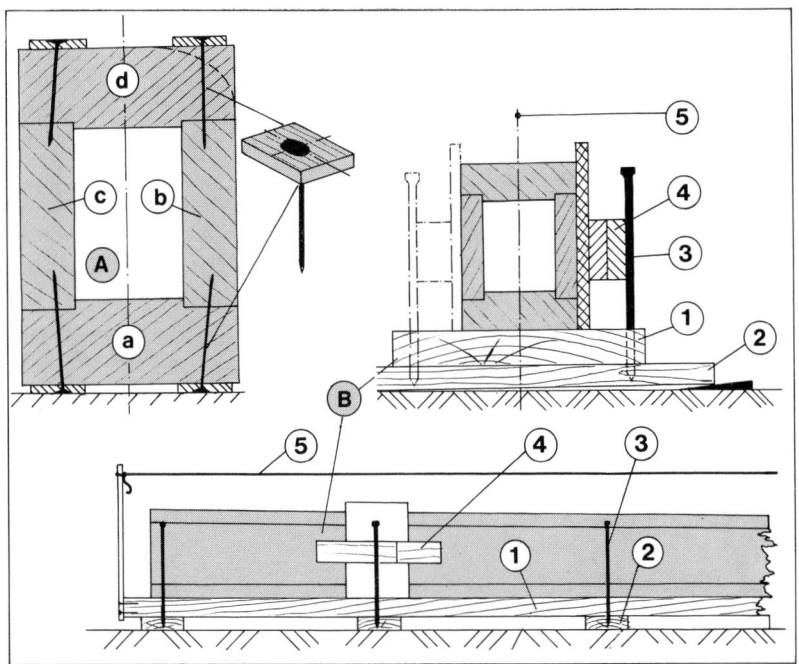

(A) Zum Verleimen des Mastes werden in das vordere und hintere Brett Nagelleisten geheftet, die Leimflächen eingestrichen und die Teile (a), (b), (c) zusammengeheftet, der Mast umgedreht und Teil (d) aufgenagelt.

(B) Die Helling für den Mast wird aus einer dicken Bohle (1) mit querstehenden Unterlagen (2) zum Ausrichten in waagerechter Richtung zusammengebaut. Die Teile (1) und (2) werden mit langen dicken Nägeln (3), die gleichzeitig ein Gegenlager zum Ausrichten mit Keilen (4) in Längsrichtung bilden, zusammengenagelt. Ausgerichtet wird mit einer Schnur über der Helling (5). Nach dem Aushärten des Leims entfernt man die Nägel und verdübelt die Löcher mit eingeleimten kleinen Holzstückchen aus Abfällen (Streichhölzer tun's auch). Wer die Nägel in Abständen von 30–40 cm setzt, muß zum Pressen noch zwei Reihen Mauersteine auf den Mast schichten. Voraussetzung dafür ist, daß der Mast fest aufliegt. Wahlweise würden Sie zum Pressen Dutzende von Schraubzwingen gebrauchen.

Motorboote

Der Motorbootfahrer ist Komfort gewohnt. Dicke Sitze und viel glänzende Beschläge. Das schwachmotorisierte Wanderboot ist dem stark- und übermotorisierten Gleiter gewichen. Die logische Folge: Es gibt keine modernen Selbstbaupläne für Motorboote.

Dieser Mangel ist in erster Linie darauf zurückzuführen, daß starke Rümpfe für Gleiter mit stringer- und stufengespickten Spantformen in Holz, auch nach modernsten Gesichtspunkten, viel zu aufwendig sind. Hier fährt man mit Kunststoffrümpfen am besten. Bleibt für Gleiter die Möglichkeit, auf einen Kunststoffrumpf ein Sperrholzdeck zu bauen, was ein Motorboot stark aufwertet. Mit schwachmotorisierten Verdrängern, besonders für Binnen als Elektroboot, sieht es anders aus. Hier läßt sich das ganze Boot bauen. Problematisch sind selbstgemachte Sitze und Windschutzscheiben. Lenkung und Schaltung sollte man immer kaufen.

(1) Sitze selbst zu bauen, hat nur bei Verdrängern Sinn. Für Gleiter werden sie ▶
aus Festigkeitsgründen sehr aufwendig.
(A) Die Stütze für die Rückenlehne kann man gleichzeitig mit Griffen versehen, darunter wird ein Ablagefach angebaut.
(B) Der Schaum für Sitze sollte mindestens 30 kg/m³ und 10 cm Stärke haben. Der Bezug wird auf eine Sperrholzplatte geklebt, die mit einer Gegenplatte verleimt wird. Bezüge aus einem Teil müssen in den Ecken in Falten gelegt werden. Genähte Bezüge sind mit einer normalen Nähmaschine schlecht herzustellen.
(C) Die Querauflagen der Sitze werden als Wrangen eingeleimt oder einlaminiert, die Bodenbretter aufgelegt.
(2) Leichte gebogene Windschutzscheiben ohne Einfassung lassen sich gut selbst machen.
(3) Eckige Windschutzscheiben mit Einfassung sollte man kaufen.
(4) Befestigung einer leichten Windschutzscheibe aus Kunstglas (Plexi, Macrolon, Acryl-Glas). Die genutete Abdeckleiste am Instrumentenbrett ist Griff- und Schlingerleiste.
(5) Instrumentenbretter können mit Skay verklebt oder mit Resopal beschichtet werden.
Schnitt Y-Y zeigt eine innen gepolsterte Cockpiteinfassung.

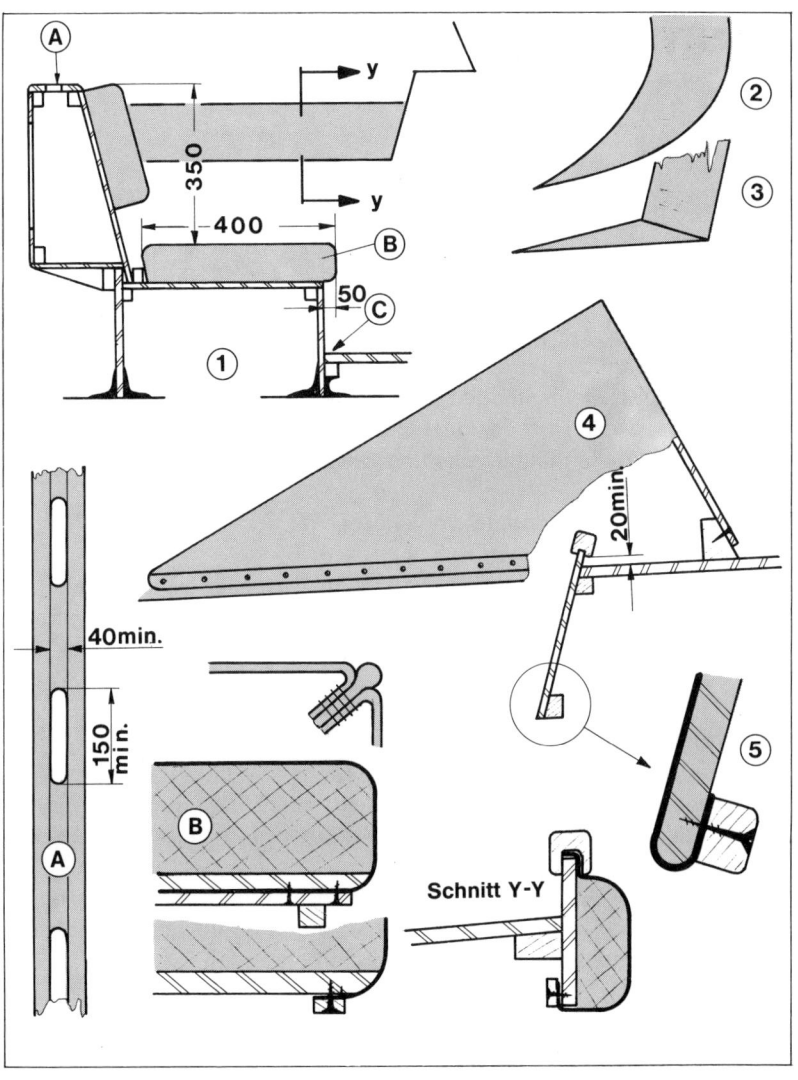

Schnitt Y-Y

81

Baumaterial, Be- und Verarbeiten

Wer das Kapitel Baumethoden aufmerksam gelesen hat, stellt fest, daß für Selbstbauboote Holz das geeignetste Material ist. In der Hauptsache Sperrholz für Außenhaut, Decks und Schotten; Massivholz für Spanten, Weger, Kiel usw.

Kunststoff für selbstgebaute Bootskörper ist nur mit Einschränkungen verwendbar.

Je nach Bauart des Bootes verwendet man Kunststoff oder Leim zur Verbindung der Teile. Zum Schutz gegen Witterungseinflüsse wird je nach den Gegebenheiten lackiert oder mit Farbe gemalt.

Holz, Sperrholz

Wenn man heute von „Holzboot" spricht, meint man, daß die großflächigen Teile aus Sperrholz und die Auflagen und Verstärkungen aus Massivholz bestehen.

Holz ist in jeder Art teuer. Zieht man jedoch seine Vorteile gegenüber anderen Materialien in Betracht, ist und bleibt es für den Selbstbauer das ideale Baumaterial. Es läßt sich leicht bearbeiten, ist dauerhaft, hat eine zufriedenstellende Oberfläche und vermittelt mehr als irgendein anderes Material auf dem Wasser eine wohltuende Atmosphäre der Sicherheit und Wärme.

Die Holzqualität wird fast immer vom Konstrukteur festgelegt, und man tut gut, sich daran zu halten. Trotzdem sollte man sich einen kleinen Einblick darüber verschaffen, was es mit dem Holz auf sich hat. Das ist einerseits wichtig für den Kauf, da man in vielen Fällen für das gleiche Geld eine schlechte oder gute Leiste kaufen kann, andererseits erleichtert ein bißchen Wissen um den Baustoff die Bearbeitung und Verbindung, was schließlich zu einem besseren Boot führt.

Für die Wahl der Hölzer gibt es grundsätzlich zwei Wege:

1. „Billige, leichte Hölzer" für Erstbauten kleiner Boote.

2. „Teure, schwerere Hölzer" für alle übrigen Boote.

Feste Regeln gibt es selbstverständlich nicht, dazu trägt nicht zuletzt die Preisentwicklung bei. Die Preisunterschiede zwischen „billigen" und „teuren" Hölzern flachen ab. Die Ursache liegt im Wechsel von Nutzwaldgebieten, neuen Holzarten, die den klassischen Hölzern verwandt und in den Eigenschaften ähnlich, manchmal sogar überlegen sind sowie in der Situation der verarbeitenden (heimischen) Industrie.

Trotzdem möchte ich die beiden oben erwähnten Wege wie folgt umreißen:

Boote aus allwetterfest (AW 100) verleimten Gabunplatten (Okume) mit geschältem Deckfurnier und Kiefer- oder Fichtenleisten, mit guter Farbe gestrichen, halten 15 bis 20 Jahre. Ihr Vorteil: Sie sind sehr leicht und preiswert. Geeignet für leichte Regattaboote und jede Art von Kinder- und Jugendboot.

Boote aus schweren Hölzern wie „Mahagoni" und anderen Rothölzern (siehe Tafel Holzsorten), mit gutem Lack behandelt, haben eine Lebensdauer von 100 und mehr Jahren. Aus diesen Hölzern werden alle jene Boote gebaut, die trotz großer Beanspruchung und relativ geringer Pflege eine lange Lebensdauer haben müssen und bei denen der klassische Holzcharakter aus ästhetischen (oder anderen) Erwägungen im Vordergrund steht.

Sowohl die Boote aus „billigen" als auch jene aus „teuren" Hölzern können, was die Verarbeitung und das Finish betrifft, richtige Glanzbauten sein. Gelingt es dem Selbstbauer jedoch nicht, dieses erstklassige

Finish zu erreichen, hilft auch das beste Holz nicht, diesen Mangel zu übersehen. Dementsprechend sollte der werdende Selbstbauer erst einmal ein oder zwei Boote aus preiswerteren Materialien bauen, bevor er das Risiko eines schlechten Finish mit guten Hölzern auf sich nimmt.

Wie schwierig die Materialauswahl wird, hängt in erster Linie von den Bauunterlagen ab. Die Auffassung, daß es „Mahagoni" sein muß, ist noch — vor allem bei Konstrukteuren und Bootsbauern — tief verwurzelt. Doch die chemischen und physikalischen Eigenschaften von Leimen, Harzen und Farben haben diese „Weltanschauung" längst überholt.

Selbstverständlich darf man nicht im Materialauszug einfach bei gleicher Materialstärke „Sipo" durch „Gabun" und „Kiefer" ersetzen. Eine Rückfrage beim Konstrukteur ist unbedingt erforderlich. Der Konstrukteur wird Ihnen dann sagen: Nehmen Sie die Außenhaut 2 mm stärker oder statt des dreifach verleimten Sperrholzes fünffach verleimtes und die Leistenquerschnitte z. B. 10 mm höher (in Belastungsrichtung).

Bauunterlagen, auch gute, gehen natürlich nicht soweit, daß man aller Probleme entledigt ist. Man muß sich zumindest etwas mit den Eigenschaften des Holzes beschäftigen, um einerseits beim Kauf keinen Fehlgriff zu tun, andererseits um zu wissen, welche Qualität und Eigenschaften des Holzes bei einem Kauf einer bestimmten Sorte zu erwarten sind. Die folgenden Tafeln und Skizzen zeigen Ihnen, worauf es ankommt.

In der Beschreibung der Holzsorten wurde die Auswahl der Hölzer zusammen- ▶
gestellt, die im Bootsbau Verwendung finden. Auf die Beschreibung von Holzsorten, z. B. „Apachi", wie es in den Mittellagen von Industriesperrholz verarbeitet wird und genau genommen nur zum Zusammennageln von Verpackungskisten taugt, wurde verzichtet. Es gibt eine ganze Reihe heimischer Hölzer, die sich sehr gut für den Bootsbau eignen würden, doch Tradition und Mode stellen das Importholz an die Spitze. Wer sich eingehender mit Holz beschäftigen will, findet im Quellenverzeichnis Hinweise.

Holzarten

Allgemeines: Das Angebot von Hölzern ist so groß und vielfältig, daß man Mühe hat, einigermaßen durchzusteigen. Fast jede Holzart hat einige verschiedene und oft irreführende Handelsnamen. Die Hölzer sind sich sehr ähnlich und manchmal vom Fachmann nur mit dem Mikroskop zu unterscheiden. Dazu kommen laufend neue Importarten mit neuen Namen.

Fichtenarten sind der Kiefer vorzuziehen, da die Kiefer einen sehr großen Splintholzbereich hat und sehr leicht zur Bläue neigt. Das läßt sich aber mit einem Bläueschutz-Anstrich, wie er als Vorlack zum Bootslack angeboten wird (muß aber extra draufstehen), verhindern.

Voraussetzung ist trockenes und neues Holz. Weiter käme nur die Tanne in Frage, die sehr grobfaserig, aber sehr gut zu biegen ist. Sie reißt beim Hobeln allerdings leicht aus. Insgesamt ist sie schlechter zu bearbeiten als Fichte und Kiefer, jedoch dauerhafter. Kiefer läßt sich von den heimischen Nadelhölzern am besten verarbeiten.

Hier einige kurze Worte zu den im Bootsbau verwendeten Importhölzern und ihren Handelsnamen. Der Germanische Lloyd stuft die Hölzer nach fünf Beständigkeitsgruppen ein. Sie sind hier jeweils hinter dem Namen (in Klammern) genannt:

Teak (sehr gut). Das Holz kommt vom südasiatischen Festland und von den vorgelagerten Inseln Burma, Java, Rangun, Siam. Es ist für den Bootsbau die absolute Spitze. Allerdings auch im Preis, weshalb man relativ sparsam damit umgeht. Grundsätzlich kann man zwei Gruppen von Teak unterscheiden: Das Burma-Teak. Es ist geradfaserig und schlicht, ferner das indische oder Java-Teak, das unregelmäßiger gewachsen ist und eine öligere (wächserne) Oberfläche hat.

Kambala/Iroko (sehr gut). Es kommt aus dem tropischen West- bis Ostafrika. Durch seinen Wechseldrehwuchs ist es streifig und sehr dekorativ, allerdings nicht ganz so beständig wie Teak-Holz. Da es jedoch eine ähnliche Verwendung hat, wird es fälschlicherweise als Kambala-Teak oder afrikanische

Eiche bezeichnet. Ein weiterer Handelsname Mvule.

Makore (sehr gut bis gut). Wird häufig als „afrikanischer Birnbaum" bezeichnet, obwohl es nur seine Ähnlichkeit besitzt. Makore ist mit Douka sehr nahe verwandt. Weitere Handelsnamen sind Baku (für Makore) und Okola (für Douka). Beide Hölzer kommen aus dem tropischen Westafrika. Sie lassen sich gut biegen und bearbeiten und zeichnen sich durch sehr glatte und gut zu polierende Oberflächen aus. Je nachdem wie sie geschnitten sind, ergibt sich ein ruhiges bis fleckiges Bild.

Sipo (gut). Es wird fälschlicherweise als Sipo-Mahagoni bezeichnet. Weitere Handelsnamen sind Utile und wieder falsch Utile-Mahagoni. Auch Sipo wächst im tropischen West- und Ostafrika. Das Holz ist sehr dekorativ für Ausbauten und für den Bootsbau eigentlich besser geeignet als Sapelli. Sehr in acht nehmen muß man sich vor einer Holzsorte, die sich Kosipo nennt. Es wird auch fälschlich als Kosipo-Mahagoni bezeichnet, manchmal vergißt man sogar das Ko

und nennt es einfach „Sipo-Mahagoni". Es ist jedoch sehr viel schwerer als Sipo, weniger beständig, grobporig und neigt stark zum Werfen.

Echtes Mahagoni (gut). Wird auch als amerikanisches-, Honduras-, Tabasco-, Kuba-, Santiego- und Haiti-Mahagoni bezeichnet. Es hat sehr gleichmäßigen Wuchs. Seine Struktur ist in Furnieren sehr beliebt. Der Goldglanz der bearbeiteten Fläche bleibt auch später erhalten.

Mahagoni. Das echte Mahagoni ist nur noch schwer zu bekommen, das führt dazu, daß man vielen in den Eigenschaften ähnlichen und verwandten Rothölzern afrikanischer Herkunft den Beinamen „Mahagoni" gibt, z. B. Sipo-Mahagoni, Khaya-Mahagoni, Sapelli-Mahagoni usw. Das ist zwar falsch, aber einigermaßen berechtigt, da diese Holzsorten sehr beständig und in den Eigenschaften sehr ähnlich dem echten Mahagoni sind.

Daneben allerdings gibt es eine weitere Gruppe von „Rothölzern" aus südlichen Breiten, die man ebenfalls als „Mahagoni" bezeichnet (z. B. Gabun). Die Eigenschaften sind sehr viel schlechter, und der aufwertende Beiname ist nur noch als Entgleisung der Werbung zu sehen.

Khaya (gut bis mittel). Weitere Handelsnamen Bennin-, Lagos- und afrikanisches Mahagoni. Es wächst an der afrikanischen Guinea-Küste und ist mit echtem Mahagoni verwandt. Die Oberfläche hat unterschiedliche Tönung und ist nicht so gleichmäßig wie beim Sapelli. Außerdem ist die Beständigkeit nicht ganz so wie beim echten Mahagoni. Es läßt sich aber sehr gut bearbeiten.

Sapelli (mittel). Weitere Handelsnamen sind Aboudikrou, Lifaki, Sapelli-Mahagoni. Das Holz ist dem Sipo sehr ähnlich, beide sind aber mit Mahagoni nur verwandt. Es hat starken Wechseldrehwuchs und ist dadurch eng gestreift (typisch für Sapelli). Wird aufgrund seiner Zeichnung zum Innenausbau gerne genommen. Läßt sich leicht verarbeiten, reißt radial jedoch aus.

Gabun/Okume (mäßig bis schlecht). Gabun bzw. Okume (auch Okoume) sind zwei Handelsnamen, die etwa gleich häufig Verwendung finden. Auch das Gabun bezeichnet man fälschlicherweise als Mahagoni, obwohl es von der Qualität des echten Mahagoni sehr weit entfernt ist. Es kommt aus dem tropischen Westafrika. Die Beständigkeit ist von gleich leichten Hölzern jedoch am größten. Deshalb wird es als Innenlagen für Bootsbau-Sperrholz verwendet, wenn sie besonders leicht sein sollen. Es läßt sich sehr gut bearbeiten, bildet jedoch häufig haarige Flekken. Gabun-Platten haben meist geschältes Deckfurnier, da sich das Holz schwer messern läßt.

Oregon Pine (mittel). Ist eine Douglasie. Wird auch mit den Bezeichnungen fir = Tanne, spruce = Fichte gehandelt (pine = Kiefer). Douglasien sind nordamerikanische Nadelhölzer. Sie sind gegenüber den europäischen Fichten, Tannen und Kiefern widerstandsfähiger, haben einen schmaleren Splintholzbereich und sind in größeren Längen astfrei, aber auch bläueanfällig. Die heimischen Kiefern, Fichten und Tannen sind nach dem Germanischen Lloyd in Beständigkeitsgruppe mäßig.

(A) Quer- oder Hirnschnitt durch einen Baumstamm (Nadelholz). (1) = Splint- ▶
holzbereich, lebt bis zum Fällen das Baumes, das Holz ist wenig widerstands-
fähig; (2) = Kernholzbereich, vor dem Fällen bereits abgestorben, Jahresringe
liegen enger, das Holz ist meist dunkler und sehr viel widerstandsfähiger (das
richtige Holz für Bootsbau) als der Splintbereich. (3) Markröhre; (4) Jahresring,
das ist der Bereich, um den ein Baum pro Jahr oder pro Regenzeit wächst. Bei
vielen tropischen Hölzern, wo der jahreszeitliche Unterschied nicht ausgeprägt
ist, sind die Jahrsringe nicht so scharf abgezeichnet oder fehlen ganz. (5) Mark-
strahlen = Querspeicherzellen zum Unterschied von Windrissen; (6) Radial-
schnitt, er führt durch die Mitte des Stammes und zeigt fast parallel verlaufende
Fasern der quer aufgeschnittenen Jahresringe. Diese Oberfläche ist am besten
zu bearbeiten; (7) Tangential- oder Sentschnitt. Der Faserverlauf wird als Flad-
derung bezeichnet. Schlecht zu bearbeitende Oberfläche; (8) Etwas tiefer ge-
legener Tangentialschnitt durch Splint- und Kernbereich (im Bootsbau nicht
brauchbar); (9) In Richtung der Jahresringe liegt die größte Schrumpfung.
(a) = Die Lage im Stamm ist für die Holzqualität von großer Bedeutung.

(B) So verzieht sich Holz bei der Trocknung (grau).
(1) Herzbrett, das beste Stück eines Stammes. Wird außen zwar dünner als in
der Mitte, wirft sich aber nicht;
(2) Mittelbrett, wirft sich nur im Bereich einseitig durchgeschnittener Jahres-
ringe. Der Bereich Z bleibt gerade, da die Jahresringe beidseitig aufgeschnitten
sind;
(3) Seitenbretter haben einen breiten Bereich einseitig geschnittener Jahres-
ringe, sie wölben sich auf der ganzen Breite.

LS = Linke Seite (Stammaußenseite);
RS = Rechte Seite (Stamminnenseite).

(C) Wenn man Massivholz verleimt, legt man immer die linken Seiten (LS) zu-
sammen. Dadurch verzieht sich das Holz nicht. Wesentlich ist jedoch, daß beide
Teile gleich dick sind. Würde man die rechten Seiten verleimen, bestünde die
Gefahr, daß das Holz über der Leimung aufreißt (s. auch Spieren).

(D) Die Ausnutzung eines Baumstammes (Kernholzbereich). Holz ist viel zu kost-
spielig geworden, als daß man gute Stämme im normalen Brettschnitt teilt (s.
Skizze B, wenn ein Stamm nur in einer Richtung geschnitten wird). Man legt die
Schnitte so an, daß man keine einseitig geschnittenen Jahresringe hat. Das wäre
der Fall, wenn man z. B. Brett (1) waagerecht oder Brett (2) senkrecht weiter
durchschneiden würde.

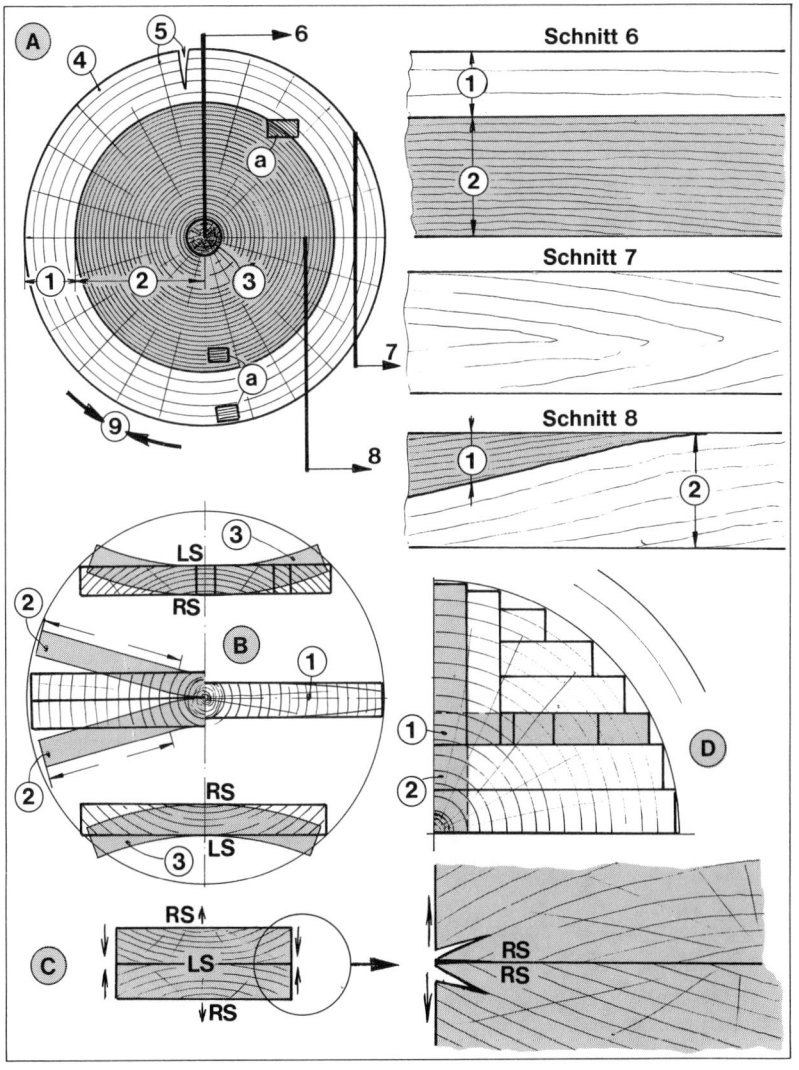

Schnitt 6

Schnitt 7

Schnitt 8

Massivholz wird auf Booten nur noch in Leistenform verarbeitet. Da Sie häufig ▶ die Möglichkeit haben werden, sich Leisten aus einem Stapel herauszusuchen, sollten Sie das Folgende zu Ihrem Vorteil nicht nur einmal lesen.

Die Ziffern 1 bis 8 sind mit denen der Skizze (A) auf der vorangegangenen Seite identisch. Sie markieren dort die Schnitte durch den Stamm.
Hirnschnitte der Leisten:

(a) Herzleiste, die Jahresringe laufen quer (beste Qualität). Oberflächen oben und unten radial geschnitten (6), sehr gut zu bearbeiten. Seitenflächen tangential geschnitten (7), sie sind schmal, und deshalb ist die Bearbeitung problemlos.

(b) Die Jahresringe verlaufen mit ca. 30°, sie sind beidseitig geschnitten (vom senkrechten Verlauf der Jahresringe wie in der Herzleiste bis zu dieser hier gezeigten Neigung von 30° kann man die Leistenqualität als vorzüglich bezeichnen). Die Oberflächen (x) der Leiste mit dem 30°-Verlauf sind weder tangential noch genau radial geschnitten. Sie lassen sich aber noch sehr gut bearbeiten.

(c) Der Verlauf der Jahresringe ist gut, trotzdem sollten Sie diese Leiste nicht kaufen. Der Bereich (1) ist Splintholz (minderwertig), nur der Bereich (2), das Kernholz, ist gut.

(d) Die Jahresringe verlaufen waagerecht (Seitenholz). Die Seitenflächen sind radial geschnitten (6). Die obere und untere Fläche ist tangential geschnitten (7) und deshalb schlecht zu bearbeiten (nicht kaufen).
Oberflächen der Leisten:

(6) Radialschnitt, ruhiger und gerader Verlauf der Maserung, leicht zu bearbeiten, gute Oberflächenqualität und Beständigkeit (kaufen).

(8) Hier ist ebenfalls der Kern- und Splintholzbereich gezeigt. Die Eigenschaften sind unter (c) beschrieben (nicht kaufen).

(x) Die Oberflächen sind weder radial noch tangential geschnitten. Bei 45° verlaufenden Jahresringen sind die Oberflächen gleich gut zu bearbeiten und beständig. Bis 30° Jahresringneigung (siehe b) sind die Leisten qualitativ gut (kaufen).

(y) Radialschnitt wie (6), aber gerade an einem Ast vorbeigesägt (kaufen, wenn's nicht anders geht, und ca. 10 cm um y herumsägen).

(z) Die Maserung läuft in die Leiste hinein und weiter hinten wieder heraus. Die Ursache ist der Drehwuchs des Baumes (nicht kaufen, es sei denn, Sie brauchen nur ganz kurze Stücke).

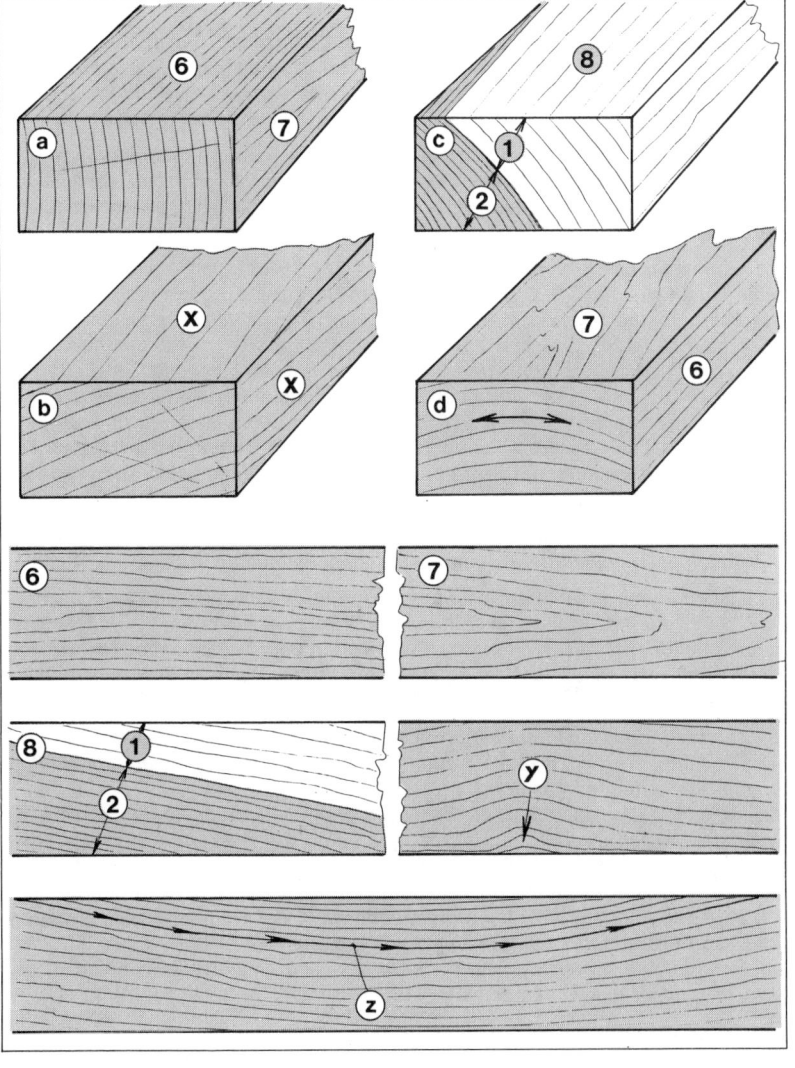

In der Sperrholzherstellung sind zwei Deckfurnierarten von Bedeutung. ▶

(A) Geschälte Furniere werden spiralförmig in Richtung der Jahresringe vom Stamm geschält. Dadurch ist eine sehr gute Holzausnutzung möglich. Für Bootsbausperrholz ist die Oberfläche nur mit Einschränkungen verwendbar. Die Maserung verläuft wild und ist leicht vom gemesserten Furnier zu unterscheiden.

(B) Gemesserte Furniere werden wie Bretter vom Stamm geschnitten, die Jahresringe sind beidseitig offen. Gemesserte Deckfurniere haben erstklassige Eigenschaften. Die Verwendbarkeit des Stammes ist allerdings begrenzt, das Verfahren aufwendiger. Die Maserung verläuft sehr ruhig, fast gerade.

(C) Schnitt durch Furniere (quer zur Faser). (1) Geschältes Furnier, die Jahresringe laufen waagerecht. Die Pfeile zeigen in Richtung der größten Schrumpfung. Die Schrumpfung führt dazu, daß das Deckfurnier sehr leicht reißt, was für den Bootsbau bedeutet, daß die Farbe auch mitreißt, was wiederum durch Eindringen von Wasser zum Quellen führt. Furnier und Anstrich sind deshalb nicht dauerhaft. Die Linie in der Mitte der Skizze deutet an, daß die Furniere auf einer Platte gestoßen sind und keineswegs sicher ist, daß die leichter reißende Seite innen liegt. (2) Gemessertes Furnier, die Jahresringe laufen quer durch das Furnier und sind sehr kurz, die Schrumpfung (Pfeile) bedeutungslos. D. h. sehr viel dauerhaftere Oberflächen.

(D) Sperrholz wird kreuzweise (Sonderfall auch diagonal) aus Furnieren verleimt. Die Außenlagen heißen Deckfurniere, die Innenlagen Innenfurniere.

(E) Schnitt durch eine Sperrholzplatte. Wird Sperrholz allwetter- und kochfest (AW 100) verleimt, was nur mit Kunstharzleim oder Kleberharzen möglich ist, dann durchdringt dieser „Kunststoff" einen großen Teil des Holzes. So eine Platte kann man schon fast als holzfaserverstärkten Kunststoff bezeichnen, die positiven Eigenschaften des Holzes bleiben erhalten.

(F) Abmessungen der Platten. Normalerweise läuft die Maserung des Deckfurniers in Längsrichtung, was nicht immer günstig ist. Auf Bestellung gibt es Platten mit querlaufender Maserung.
Bezeichnung: Die erstgenannte Zahl gilt gleichzeitig für die Furnierrichtung (wichtig). Werden zwei Holzsorten genannt, sind die Deckfurniere verschieden. Die Lagen, wievielfach ein Sperrholz verleimt ist, die Stärke (mm) und Verleimungsart gehören ebenfalls zur vollständigen Definition. Z. B.: Eine Platte, 2500 x 1720, 8 mm, fünffach, AW 100, Sipo/Gabun. D. h. die Platte ist 2500 x 1720 mm groß, die Deckfurniere laufen in Längsrichtung, sie ist 8 mm stark, aus 5 Schichten verleimt. Die Verleimungsart ist allwetter- und kochfest, eine Seite ist aus Sipo, die andere aus Gabun.

Achtung! Viele Importplatten haben nur 2440 x 1220 mm.

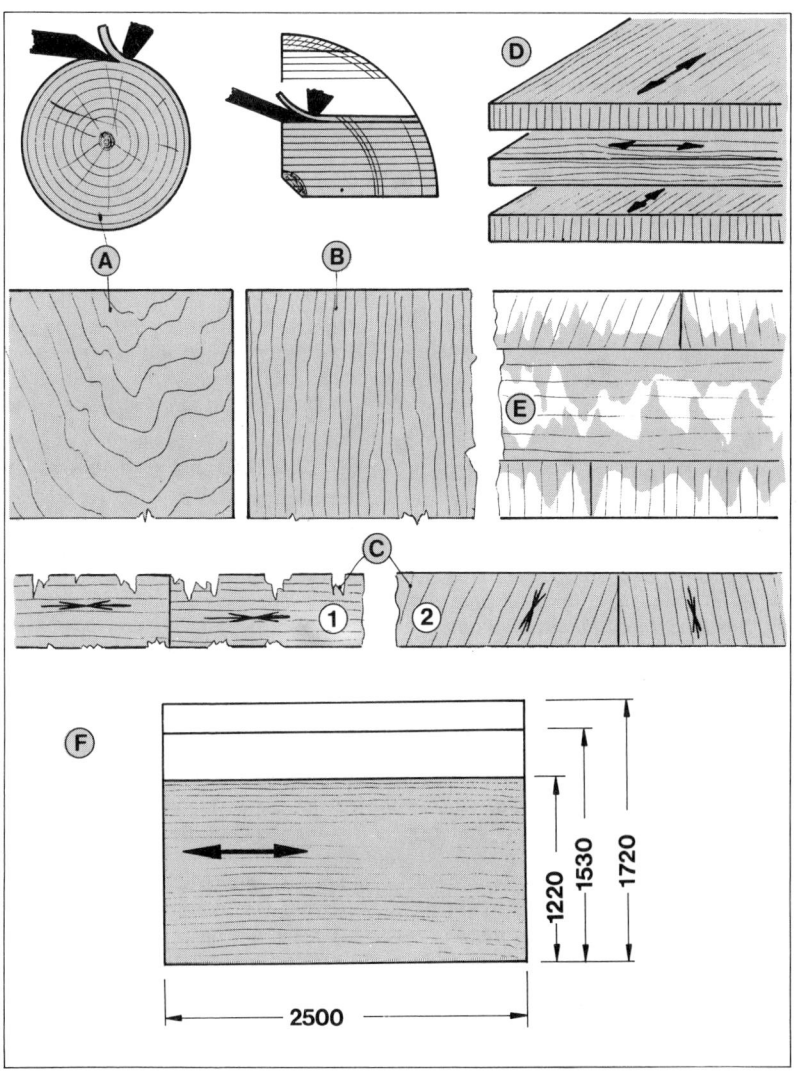

Schnitte und Draufsichten von Sperrholzarten. ▶

(A) = Industriesperrholz;
(B) = Bootsbausperrholz mit geschältem Deckfurnier;
(C) = Bootsbauplatten mit gemessertem Deckfurnier.

Es bedeuten:

(1) Risse oben, sie entstehen durch die starke Schrumpfung in Richtung der Jahresringe; (2) Risse unten; (3) Furnierstoß, die gesamte Furnierschicht einer Platte wird aus Streifen zusammengestellt; (4) Jahresringe, in Richtung der Jahresringe liegt die größte Schrumpfung; (5) Faserzellen im Deckfurnier; (6) Grobporig, Splintholz, minderwertige Holzsorten; (7) Faserzellen in der Innenlage; (8) Furnierstoß in der Innenlage; (9) Feinporig, kein Splint, ausgewählte, wenn auch billige, so doch widerstandsfähige Holzsorten; (10) Gemesserte Deckfurnieroberfläche. Hier braucht man qualitativ keinen Unterschied zwischen Ober- und Unterseite zu machen; (x) Innenlage der Platten.

(A) Industriesperrholz. Unter diesen Begriff stufe ich hier alle Sperrholzplatten ein, die an Land üblicherweise mit der Verleimungsqualität AW 100 verarbeitet und unter dem Begriff „wasser- und kochfest" im Bau- und Holzhandel vertrieben werden. Der Preis ist sehr verlockend, vergleicht man ihn mit dem Bootsbausperrholz der Gruppe (B). Was nur wenige wissen: Das Material der Innenlagen ist freigestellt, und die Deckfurniere sind dünner, bis zu Mikrofurnierstärke. Das macht den entscheidenden Preisunterschied. Bei zu dünnen Deckfurnieren reißt, wenn sie geschält sind, die ganze Schicht auf, die Farbe oder der Lack reißen mit. Für die freigestellte Materialqualität der Innenlagen werden Splint- und minderwertiges Holz (6) wie Apachi und ähnliches sowie Reste anderer Holzsorten verwendet. Das Resultat ist, daß die Innenlagen sehr wenig Widerstandskraft besitzen und den geeignetsten Nährboden für Pilze, Fäule und Insekten bieten. Ein weiteres Handicap ist die fehlende Garantie für fugendichte Verleimung der Innenlagen (8). Auch wenn es sich um sogenannte „edelfurnierte" oder um AW 100 verleimte „Mahagoni-Platten" handelt, geht man ein ziemliches Risiko ein (Innenlagen und ein möglicher Deckstransport mit Salzwasserberührung). Des weiteren werden Mikrofurniere fasergleich auf Innenlagen geleimt, was früher oder später ebenfalls zu Rissen in Deckfurnieren führt. Der Preisunterschied gegenüber der Gruppe (B) liegt bei ca. 100%. Von einem Kauf solcher Platten für den Bau eines Bootes ist dringend abzuraten.

(B) Das sind Platten, meist Gabun mit geschältem Deckfurnier, AW 100 verleimt, die man als Bootsbausperrholz einstufen kann. Zu empfehlen sind sie nur für „Erstbauten" von billigen kleinen Kinder-, Wander- und Jugendbooten, wenn ge-

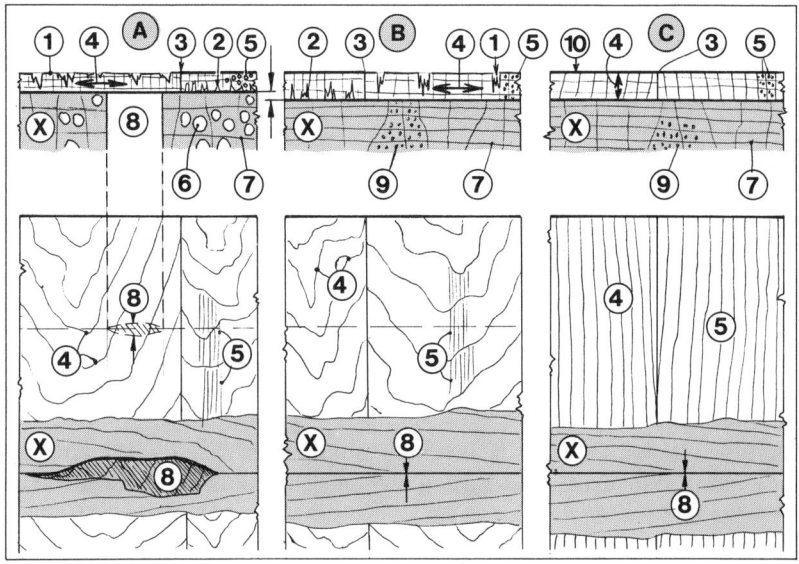

währleistet wird, daß die Innenlagen mindestens auch aus Gabun sind. Das Holz muß splintfrei und feinporig (9) und die Innenlage fugenfrei (8) gestoßen sein. Der Nachteil der reißenden Oberflächen bleibt. Der Preisunterschied zur Gruppe (C) liegt bei ca. 200% und mehr.

(C) Das ist das eigentliche Bootsbausperrholz. Die Deckfurniere sind gemessert (10) und dementsprechend beständig. Sie reißen nicht, was für Lack und Farbe eine entsprechend größere Lebensdauer bedeutet. Obwohl gegenüber Gruppe (B) ein wesentlicher Preisunterschied besteht, ist zu raten: Für alle Boote, deren Materialkosten höher liegen und deren Belastbarkeit, Lebensdauer, Pflegearmut und nicht zuletzt der optische Zustand von Bedeutung sind, sollte man gemesserte Sperrholzplatten verwenden. Der Preistrend geht dahin, daß die Preise von Gabun zu anderen Rothölzern, die beständiger sind (Sipo, Khaya usw.), abflachen, was wiederum die Entscheidung erleichtert, bessere Deckfurniere zu wählen. Die Differenz von Gabun zu Sipo liegt bei ca. 20% und von Sipo zu Teak wieder bei etwa 20%. Aus Gewichtsgründen werden die Innenlagen aus dem leichteren Gabun (splintfrei, fugendicht) gewählt, das ist kein Nachteil.

95

Auf- und Anreißen der Einzelteile

Dies ist eine Arbeit, die bei guten Plänen nur Genauigkeit erfordert, bei mangelhaften Unterlagen jedoch in schwierige Konstruktionsarbeit ausarten kann.

Das Handwerkszeug erfordert keinen besonderen Aufwand.
Man braucht:

- Zollstock oder Rollmaß (2 m)
- Kursdreieck
- Anschlagwinkel (großer Schenkel, ca. 40 cm)
- Langes Lineal (am besten ein ca. 10 cm breiter Streifen einer 8 mm Sperrholzplatte, 2,50 m lang, den man als Rest gleich beim Holzkauf beschafft)
- Bleistifte mit Minen F, H, 2H (nehmen Sie nicht die viereckigen Zimmermannsbleistifte. Am besten eignen sich Druckbleistifte, wie Techniker sie verwenden)
- Radiergummi
- Schmierblock
- Schmiege
- Zirkel (wird selten gebraucht, ist aber stellenweise nützlich)
- Streichmaß (siehe Skizzen)

Ein besonderes Problem für das Aufreißen der Teile sind die räumlichen Verhältnisse, mit denen man als Selbstbauer klarkommen muß. Es ist nicht einfach, in einer Garage ein 4 bis 5 m langes Boot zu bauen, wenn kein zweiter Raum zur Verfügung steht. Hier gilt es erst, die Seiten- und Bodenplanken sowie die Decks aufzureißen und auszusägen, da man hierzu keine Gelegenheit mehr findet, wenn erst einmal die Helling mit den Spanten steht.

Liegt die Abwicklung vor, werden aus den Bauplänen die Maße 1:1 auf das Sperrholz übertragen. Wichtig ist der Faserverlauf und die wirtschaftliche Aufteilung der Teile auf die Platten, die aus den Schnittplänen zu ersehen ist.

Das Aufreißen ist weniger kompliziert als es am Anfang aussieht. Große Genauigkeit und ständige Kontrolle der Maße ist die wesentliche Voraussetzung. Besonders rechte Winkel und Symmetrie bilden für viele Bauteile die Grundlage. Für kleine Teile (z. B. Ablängen von Leisten) reicht die Genauigkeit eines Anschlagwinkels oder der Schmiege aus. Für große Teile (z. B. Seiten- oder Bodenplanken) müssen die Winkel durch Messen überprüft werden.

Kurven werden punktweise aufgerissen und mit einer astfreien Leiste, die man Straklatte nennt, ausgezogen. Spanten und Schotten zeichnet man 1:1 auf eine Platte und nimmt die Maße und Schmiegen (Winkel) dort ab.

Achtung! Wenn Sie die Sperrholzteile mit der Stichsäge ausschneiden, muß die Platte auf der Rückseite angezeichnet werden. Die Stichsäge schneidet mit dem Aufwärtshub, deshalb gehört die schöne Seite nach unten.

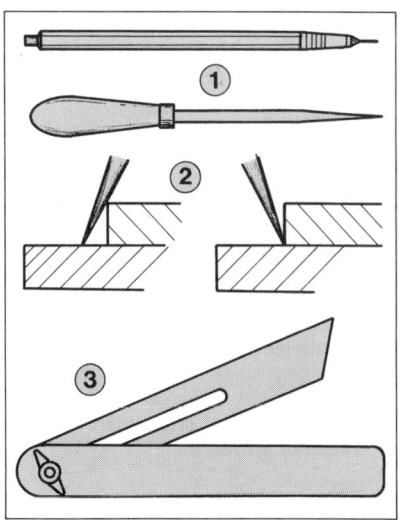

(1) Der Spitzbohrer ist die Reißnadel der Tischler und Bootsbauer. Es ist Ansichtssache, ob man mit dem Spitzbohrer oder einem Bleistift anreißt. Bleistiftstriche lassen sich ausradieren, ein Strich vom Spitzbohrer hinterläßt einen tiefen Kratzer.

(2) Anreißen muß man mit der Spitze in der Ecke. Links = falsch; rechts = richtig.

(3) Mit der Schmiege werden Winkel übertragen. In vielen Fällen ist es jedoch ratsam, den Winkel direkt vom z. B. Spantriß aufzureißen.

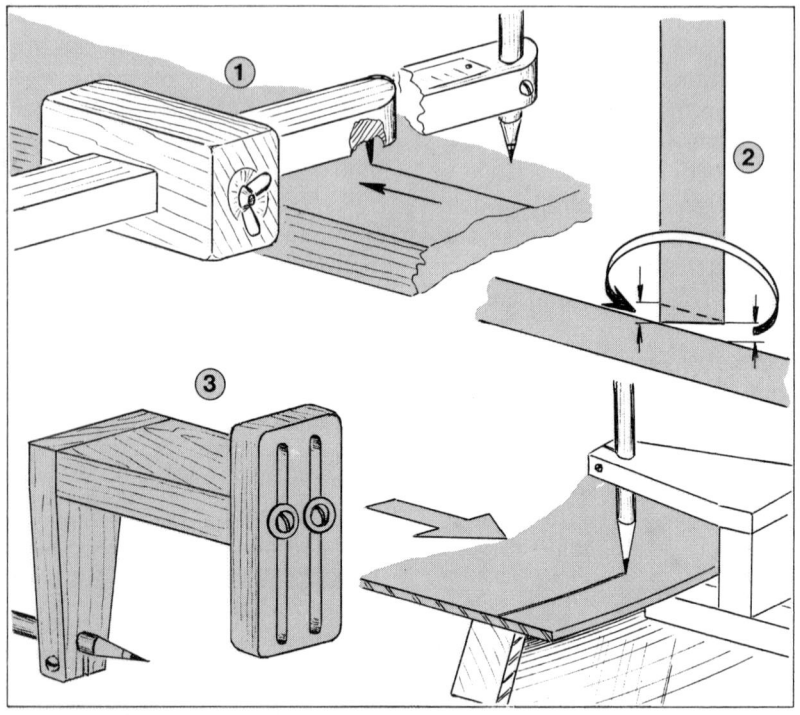

(1) Das Streichmaß zum parallelen Abtragen von Maßen und Kurven ist eine große Hilfe. Die handelsüblichen Streich- oder Stellmaße sind mit Stahlspitzen ausgerüstet. Eine Linie auf schrägverlaufender Maserung zu ziehen, ist nicht immer einfach. Wenn man die Spitze entfernt und ein Loch für einen Bleistift bohrt, ist man besser dran. Es ist auch nicht schwer, sich ein Streich- oder Stellmaß selbst zu bauen.

(2) Schmiegen werden mit dem Zirkel auf der offenen Seite abgenommen und auf der anderen Seite abgetragen.

(3) Hier ist eine selbstgebaute Abwandlung des Streichmaßes gezeigt, mit der sich Maße über eine ungeputzte Kante hinweg abtragen lassen, z. B. die Linie für die Decksverschraubung.

Weitere Anreißvorgänge sind bei den jeweiligen Arbeiten beschrieben.

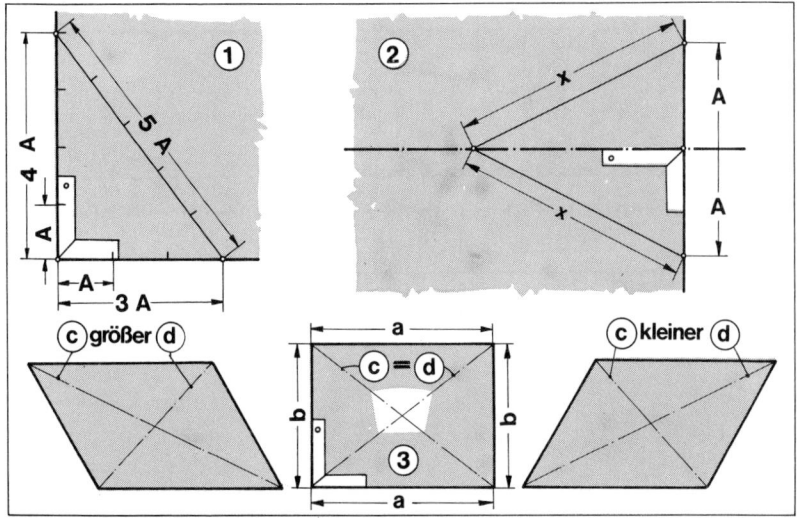

Im Verlauf des Bauens werden Sie sehr häufig einen rechten Winkel ausmessen müssen, für dessen Genauigkeit der Anschlagwinkel nicht ausreicht. Hierfür gibt es verschiedene Möglichkeiten:

(1) Wenn Sie auf einen Schenkel ein Maß, z. B. 200 mm x 3 = 600 mm und auf den anderen Schenkel 200 x 4 = 800 mm auftragen, dann muß die Verbindung 5 x 200 mm = 1000 mm betragen. Stimmt das, dann ist es ein rechter Winkel.

(2) Wird beiderseits einer Linie ein beliebiges Maß X so aufgetragen, daß die Endpunkte gleichen Abstand (A, A) von der Mittellinie haben, steht die Verbindungslinie im rechten Winkel.

(3) Ein Quadrat, Rechteck oder Trapez (Spant) hat gleichlange Diagonalen. Diese Tatsache bietet eine sehr genaue Überprüfung der rechten Winkel. Sie prüfen erst die Seitenlängen (a, b) und messen dann die Diagonalen (c, d). Sind diese gleichlang, sind die Winkel im Quadrat und Rechteck genau 90°, das Trapez (Spant) ist symmetrisch.

99

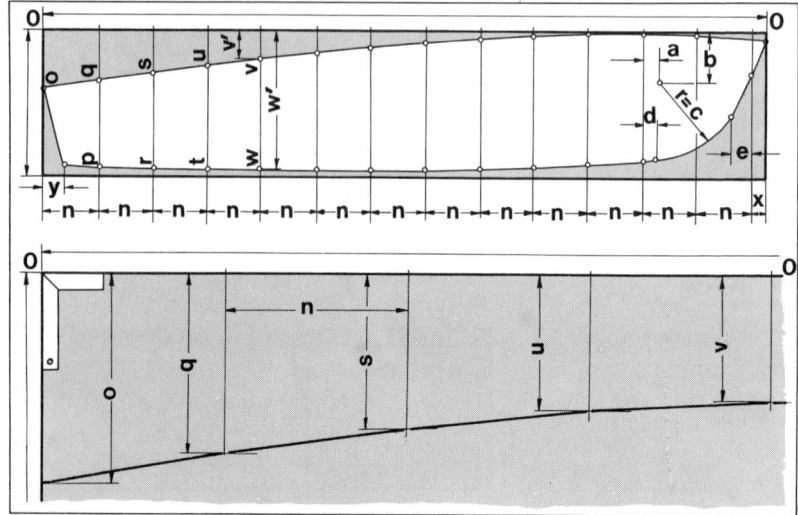

Die Bauteile mit Kurven werden nach dem Schema der Pläne aufgerissen. Es handelt sich fast immer um eine Basislinie (0–0), zu der im rechten Winkel parallel laufende Linien in bestimmten häufig gleichen Abständen (n) gezeichnet werden. Von der Basislinie ausgehend sind die Kurven vermaßt. Die Maße stehen nicht wie sonst üblich an den Maßlinien (V' und W'), sondern am Schnittpunkt der Hilfslinien und der Kurve (v, w).

Spezielle Punkte, die nicht in dieses Netz passen, werden zusätzlich vermaßt (siehe x, y). Ist eine Kurve stark gekrümmt, wird das Netz in diesem Bereich noch enger gezogen. Handelt es sich um Kreise, wird der Mittelpunkt (a, b) festgelegt, der Radius (r = c) in einem Pfeil angegeben und der Kreisbogen dort begrenzt, wo er in eine andere Kurve übergeht (d, e).

Übertragen wird das so: Man zeichnet ein den Bauteil umschreibendes Rechteck, prüft genau die rechten Winkel, zeichnet, indem man die Maße auf beiden Seiten (n) abträgt, die Hilfslinien und mißt dann die Punkte von der Basislinie aus. Dadurch ergibt sich ein kantiger Kurvenverlauf, der durch Straken ausgeglichen werden muß (siehe nächste Skizze).

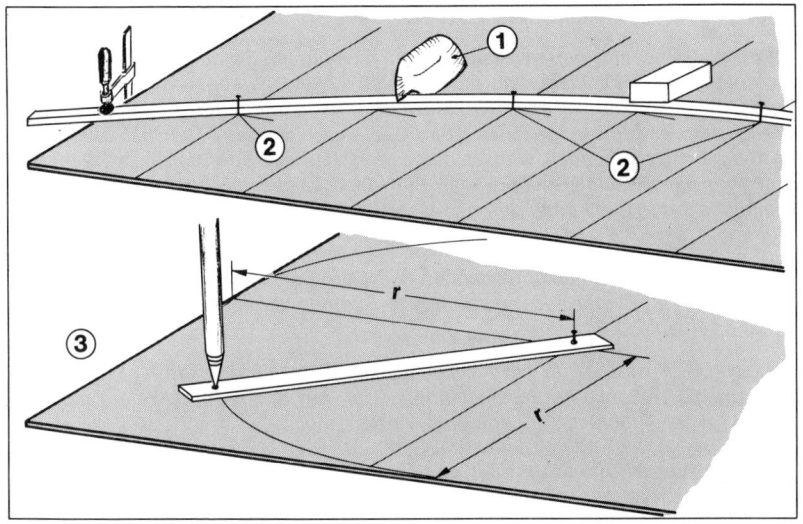

Die aus einem Plan für eine Kurve abgetragenenen Punkte müssen in einer flie-ßenden Kurve (ohne Knick) verbunden werden. Dies geschieht mit Hilfe einer Straklatte. Das ist eine dünne astfreie Leiste, die um so dünner sein muß, je kräftiger die Krümmung ist. Sie wird mit Strakgewichten (1) auf den Punkten festgehalten, damit die Linie durchgehend gezeichnet werden kann. Strakge-wichte verwendet man allerdings nur im Bootsbau (sehr teuer). Sie sollten nicht mit Steinen oder Schraubzwingen improvisieren. Sehr viel einfacher ist es, Nägel (2) an den Meßpunkten in die Platte zu schlagen, die Latte daran zu legen und die Linie zu zeichnen.

(3) Wenn Sie große Radien auftragen müssen, für die der Zirkel bereits zu klein ist, sollten Sie nicht wie ein Gärtner mit einem Band arbeiten. Es dehnt sich, und Sie bekommen keinen richtigen Kreis. Schlagen Sie im Mittelpunkt einen Nagel ein, auf den Sie eine Holzleiste stecken. In der gewünschten Entfernung halten Sie einen Bleistift an die Leiste und ziehen den Kreis. Noch besser geht es mit einem zweiten Loch.

Der Spantplan besteht aus den 1:1 aufgerissenen Spanten. ▶

(1) Im Bootsbau macht man das auf dem sogenannten Schnürboden. Das ist einfach ein großer Holzfußboden, auf dem die Teile 1:1 aufgerissen werden. Für den Selbstbauer tut es auch ein Stück Hartfaser- oder Spanplatte, das etwas größer als der größte Spant ist. Soweit es sich nicht um Rahmenspanten, sondern um Schotten handelt, werden diese direkt auf das Sperrholz gezeichnet. Zuerst wird die Mittellinie aufgetragen und dann im rechten Winkel entweder die Kimmlinie oder die Konstruktionswasserlinie, je nachdem, was in den Plänen steht.

Jetzt beginnt man, die entsprechenden Maße der Spanten zu übertragen.
Achtung: Es gibt verschiedene Arten, wie Spanten vermaßt sind. Die Skizzen 2, 3 und 4 zeigen es.

Skizze 2: Hier ist der Spantschnitt nur als Umriß gezeichnet. Die Maße beziehen sich auf die Außenkante der Außenhaut. Um den Spant zu zeichnen, muß die Stärke (s) der Außenhaut abgerechnet werden.

Skizze 3: Hier ist der Schnitt mit den Spantrahmen gezeichnet, und die echten Spantmaße eingetragen. Sie können direkt übernommen werden. Im allgemeinen sind die Spanten von der Mallseite (der größeren Seite mit Schmiege) dargestellt. Wenn nicht, muß die Schmiege zugezählt werden.

Skizze 4: Hier sind die Maße ebenfalls auf den Spant (Innenkante Außenhaut) bezogen, x und y haben aber nur einen Pfeil, und die Linie geht über die Mittellinie. Das bedeutet, daß die Maße x und y über die ganze Spantbreite gemessen sind. (Nicht wie in Skizze 3 nur bis zur Mitte). Sie müssen halbiert und von der Mittellinie zu jeder Seite abgetragen werden.

Es kann durchaus sein, daß sich die Linien der verschiedenen Spanten zu überschneiden beginnen. Deshalb ist es ratsam, von hinten beginnend, die erste Hälfte der Spanten auf die eine und die zweite Hälfte der Spanten auf die andere Seite der Platte zu zeichnen.

Skizze 5: Sind die Spanten aufgerissen, werden die entsprechenden Leisten aufgelegt und die Maße übertragen. Um das Maß genau im rechten Winkel auf Oberkante Leisten zu reißen, behilft man sich mit dem rechten Winkel eines Dreiecks (Kursdreieck).

Selbstverständlich kann man die Winkel auch mit der Schmiege übertragen. Die Leisten direkt auf dem Spantplan anzuzeichnen, ist jedoch sicherer (siehe dazu auch Überplatten und Schlitzen).

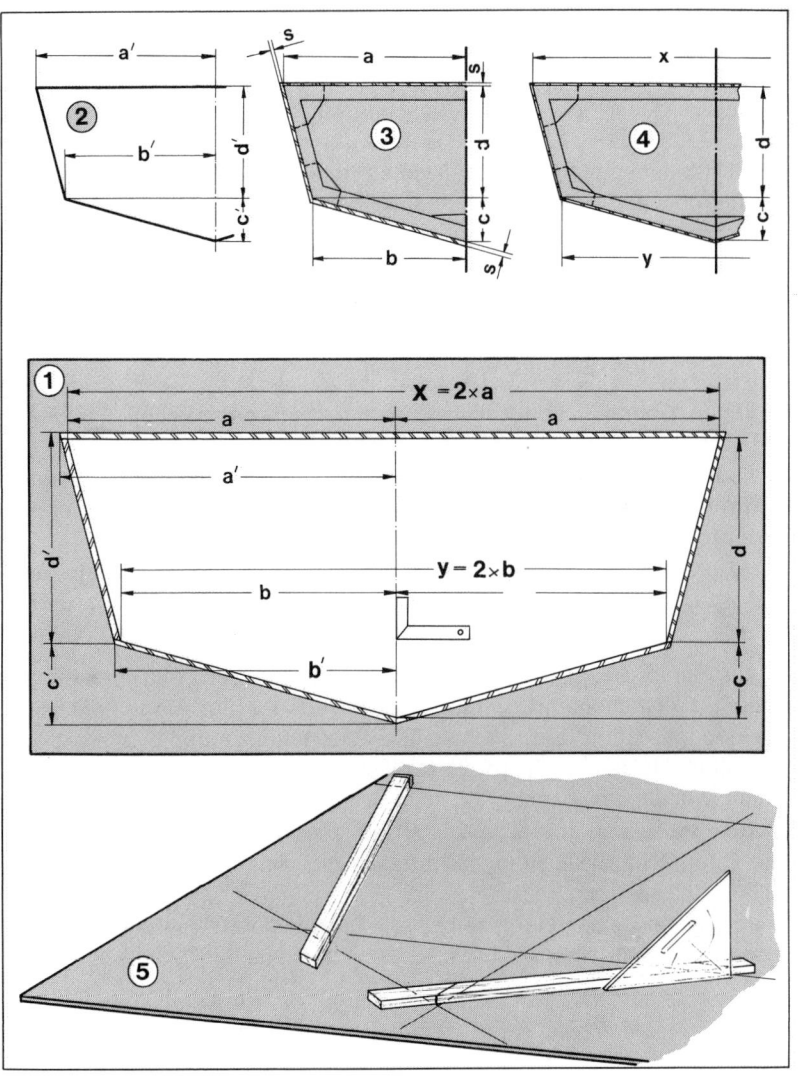

Be- und Verarbeiten des Holzes

Es ist eine Frage der Konstruktion, ob ein Boot in ein handwerkliches Kunstwerk ausartet oder mit einfachen Mitteln auch zu guter Qualität führt.

Was ich damit sagen will ist, daß viele Dinge komplizierter gemacht werden als notwendig. Von der ästhetischen Seite mag mancher Aufwand zu rechtfertigen sein (z. B. aus verschiedenen Hölzern lamellierte Pinne). Nicht zu rechtfertigen sind Baumethoden, die aus der Zeit des Perl-Leims stammen und in Schwalbenschwanzschnitzerei ausarten.

Sie werden mit folgenden Arbeiten konfrontiert:

- Sägen, Bohren, Hobeln, Nuten, Stemmen, Raspeln, Feilen, Schleifen, Laschen, Schäften, Überplatten, Schlitzen;
- Kanten abrunden oder fasen, Ecken absägen und Schnittkanten oder Hirnholz durch Gehrung mit genuteten Teilen oder durch Furnier abdecken;
- Holzverbindungen leimen oder mit Kunststoff verkleben und zum Aufpressen schrauben oder nageln.

Ist der Rumpf fertig, kommt die schwierigste Arbeit, das Finish, das schließlich entscheidend zum Gesamteindruck beiträgt. Mögen die Holzverbindungen unter Deck noch so exakt ausgeführt und die Qualität des gewählten Holzes noch so vortrefflich sein, wenn das Finish nicht stimmt, war vieles umsonst.

Machen Sie es sich zum Grundsatz, daß jedes Teil vor dem Einbau eine gute Oberfläche erhält und nachträglich nicht mehr bearbeitet werden muß.

Die folgenden Zeichnungen zeigen alle notwendigen Arbeiten und Holzverbindungen mit Tips, wie man sie fachgerecht ausführt.

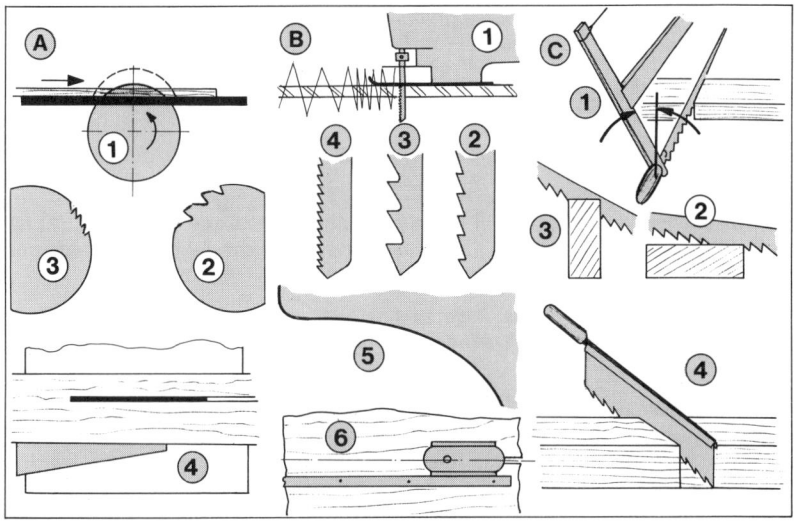

Richtwerte für die Schnittqualität:

(A) Je weiter das Blatt der Kreissäge über das Werkstück ragt (1), um so gröber wird der Schnitt. Die aufzuwendende Kraft ist kleiner. Die Qualität des Schnittes hängt allerdings auch noch von der Zahnung des Blattes ab. Wenige, große Zähne (2) = grober Schnitt; viele kleine Zähne (3) = feiner Schnitt. Wann immer es geht, sollte man einen Parallelanschlag (4) verwenden.

(B) Bei der Stichsäge entscheidet die Hubzahl (1) und die richtige Wahl des Sägeblattes über die Schnittgeschwindigkeit und Qualität. (2) Holzblatt für Feinschnitte, (3) Holzblatt für grobe Schnitte, (4) Metallblatt. (5) Sauber gesägte Kurven erreicht man am besten durch gute Unterlage und richtige Arbeitshöhe. (6) Für gerade Schnitte ist eine Anschlagleiste zu empfehlen.

(C) Mit den Handsägen erreicht man beim Ablängen von Massivhölzern die beste Schnittqualität. (1) Die Gestellsäge wird 15 bis 20° zur Sägerichtung gestellt. Wichtig ist gute Spannung des Blattes und die richtige Zahnwahl. (2) Ein Holz wird immer mit der breiten Seite aufgelegt und nicht auf der schmalen Seite (3) gesägt. (4) Für Gehrungen und Holzverbindungen von Leisten kleiner Querschnitte verwendet man die Feinsäge (siehe auch nächste Seite).

Der Schnitt mit der Säge hat eine gute und eine schlechte Seite. Auf der schlech- ▶
ten splittert das Holz etwas aus.

(A) Bei der Kreissäge schneiden die Zähne von oben nach unten. (1) ist die gute,
(2) die schlechtere Seite.

(B) Handsägen schneiden auf Stoß. Die gute Seite (1) liegt oben, die schlechtere
(2) unten.

(C) Die Stichsäge schneidet von unten nach oben. (1) ist die gute Seite, (2) ist
die schlechte. Dementsprechend muß man Teile, die nicht mit der Stichsäge ge-
sägt werden, auf der falschen Seite anreißen.

Skizze (D): Wenn man lange Teile zersägt, deren abfallendes Stück groß ist,
bricht das Holz leicht aus (1). Hier leistet der Bankknecht (2) unentbehrliche
Hilfe (siehe dort).

Skizze (E): Mit der Hand sägen ist bei kleinen Teilen am genauesten, erfordert
aber Gefühl. (1) Zuerst zieht man die Säge möglichst flach zu sich (am Daumen-
nagel entlang). Dadurch wird das Holz an der Kante eingeritzt. (2) Die ersten Sä-
gestöße müssen sehr leicht sein, sonst kann das Sägeblatt aus dem Schnitt
springen und sehr tiefe Risse im Holz hinterlassen. Es kann auch passieren, daß
die Rückseite ausbricht. (3) Steil gesägt wird der Schnitt sehr grob, da die ge-
samte Kraft nur auf zwei Zähnen liegt. Je flacher man sägt, um so feiner und sau-
berer wird der Schnitt.

Skizze (F): Gleich von Anfang an muß man sich klar machen, wie man zur ange-
rissenen Linie sägt. Die Linie ist immer nur einen Bruchteil so breit wie der
Schnitt. In den Skizzen ist die Linie grau eingezeichnet, schwarz das Sägeblatt,
a = Abfall, b = Werkstück. Am schlechtesten ist genau auf dem Strich zu sägen
(1). Wenn man Kanten schneidet, die noch gehobelt werden, läßt man wie (2) die
Linie gerade noch stehen. Für Holzverbindungen, die fest sitzen müssen, sägt
man die Linie entweder wie in (3) an oder läßt sie gerade noch wie in Skizze
(2) stehen (siehe Überplatten und Schlitzen).

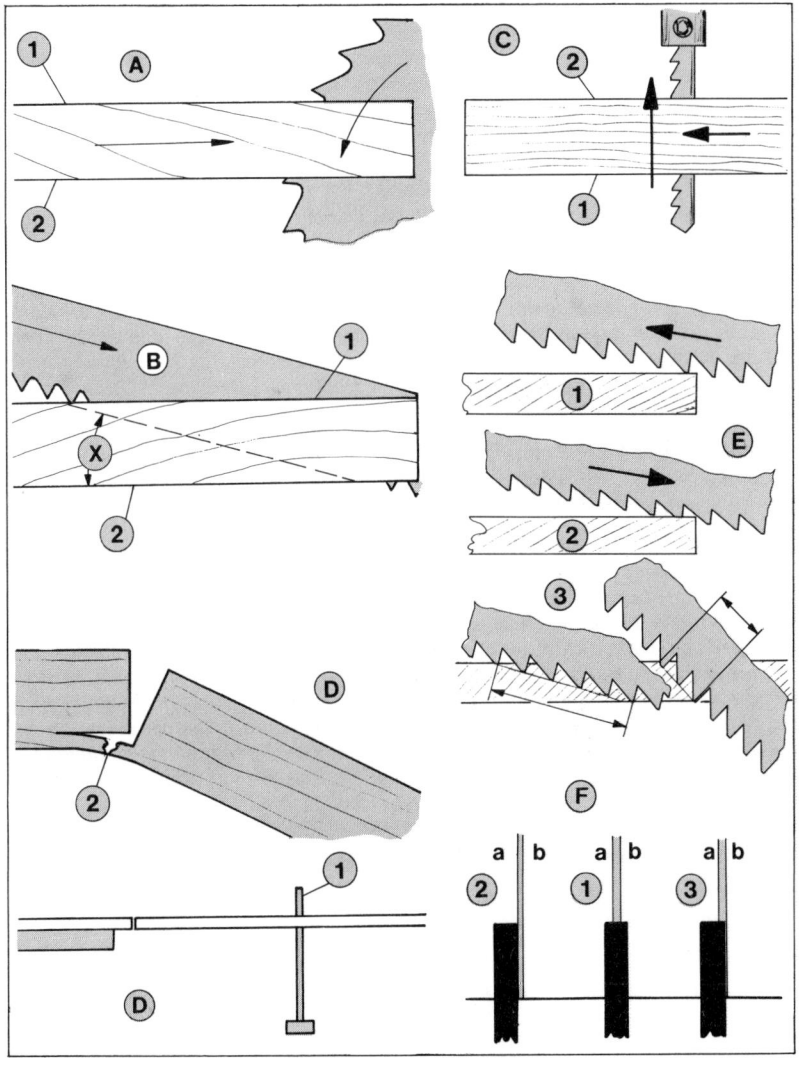

Bohren ist im Bootsbau eine der häufigsten Arbeiten, sei es, um Werkteile für die ▶
Leimung zu verschrauben, Löcher für das Nähen der Außenhaut zu bohren, Beschläge zu montieren oder Spei- und Nüstergatchen anzufertigen. Mit der Hand macht man das nur noch in Ausnahmefällen. Die elektrische Bohrmaschine mit Spiralbohrer ist das übliche Werkzeug.

(1) Die Lage eines Loches wird durch zwei Linien (a) und (b) bestimmt. Damit der Bohrer nicht verläuft, sticht man das Holz mit dem Spitzbohrer an (2). Dadurch hat der Bohrer (3) einen besseren Halt.

Gebohrt wird — soweit das möglich ist — von der guten Seite und das Werkstück auf eine feste Unterlage (3) aufgelegt. Dadurch verhindert man das Ausbrechen auf der Rückseite. Sobald die Spitze des Bohrers durch das Holz kommt, frißt die Spirale und zieht den Bohrer durch das Werkstück (5). Ohne Unterlage kann das Deckfurnier oder die Längsfaser sehr weit ausbrechen.

(6) Große Löcher (über 8 mm) sollte man, damit sie sauber und an der gewünschten Stelle bleiben, mit einem kleinen Bohrer (4—5 mm) vorbohren, es sei denn, man verwendet einen zentrierten Bohrer mit Nebenschneiden.

Sehr wichtig ist das Bohren senkrecht zum Werkstück. Vor allem, wenn es sich um längere Bohrungen handelt, die man kaum mit einer Ständerbohrmaschine, sondern (am Boot) immer frei bohrt, sollte man besonders am Anfang auf den rechten Winkel zum Werkstück achten. Das kann man mit dem Anschlagwinkel in Quer- und Längsrichtung (7) prüfen. Für schräge Bohrungen legt man die Schmiege (8) an. Handelt es sich um Löcher mit größerer Neigung als ca. 50°, reicht das Anstechen mit dem Spitzbohrer nicht mehr, um den Bohrer am Verlaufen zu hindern. Es empfiehlt sich, erst einige Millimeter senkrecht vorzubohren. Auf einem Boot gibt es eine Reihe von Bauteilen, die Öffnungen für abfließendes Wasser haben müssen. Die Skizze (9) zeigt am Beispiel von Speigatchen in der Schanzleiste wie man sie am einfachsten anfertigt. Zwei Leisten werden mit der Unterseite zusammengespannt und am Stoß die Löcher gebohrt. Auf diese Weise erhält man auf beiden Leisten halbrunde Öffnungen = Speigatchen.

(10) So werden Schlitze angefertigt. Man bohrt Loch (a) und (b) in Schlitzbreite und sägt mit der Stichsäge das Zwischenstück heraus.

(11) Soll mit der Stichsäge ein Innenschnitt ausgeführt werden, empfiehlt es sich, nicht direkt an der Schnittlinie die Löcher für das Ansetzen der Säge zu bohren. Gehen Sie mit der Bohrung einige Millimeter nach innen. Wenn Platz ist, bohrt man ein großes Loch, bei begrenztem Raum mehrere kleine.

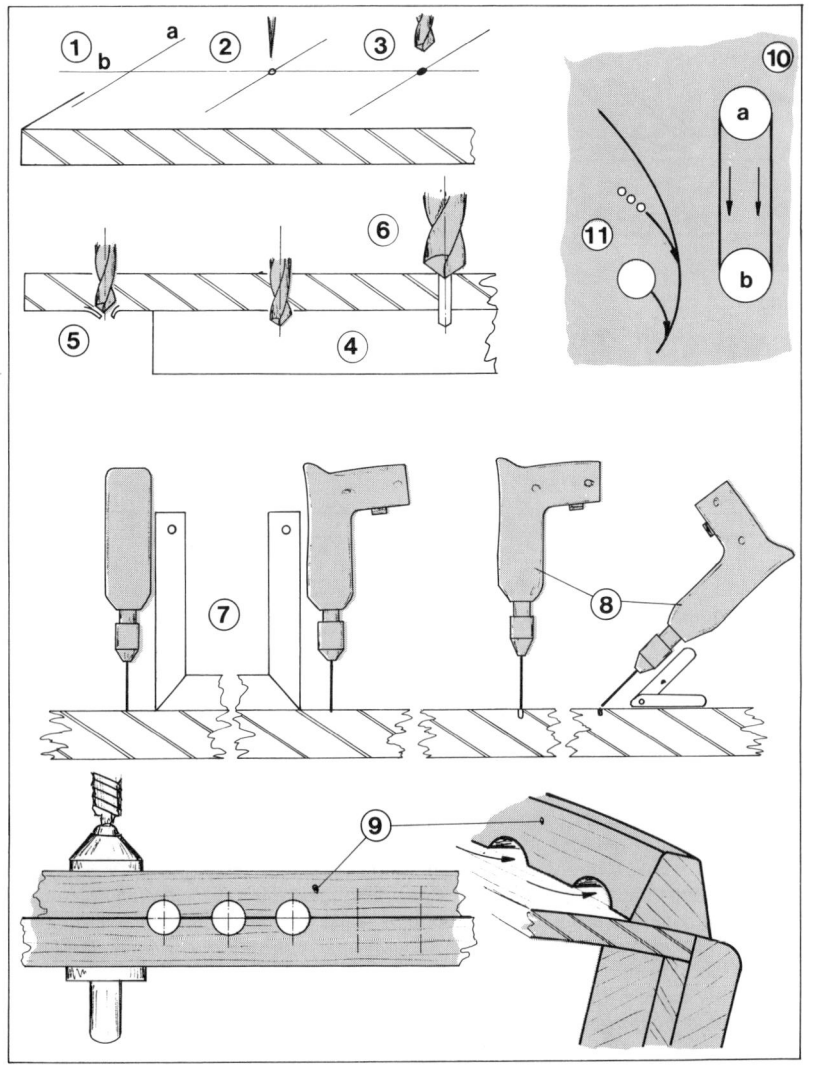

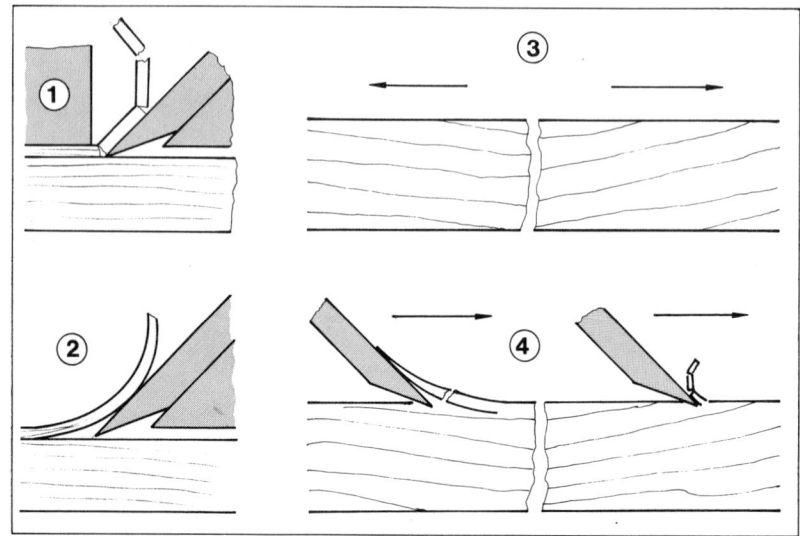

Durch richtiges Hobeln entstehen erstklassige Oberflächen. Es ist wichtig, daß
das Messer schneidet (1), wobei der Span im Hobelkasten gebrochen wird und
nicht spaltet (2), was zu unsauberen Oberflächen führt. Die beste Oberfläche
erreicht man durch Hobeln mit der Faser. Das ist nicht immer in einer Richtung
möglich. Die Faser kann wechseln. Man muß aufmerksam die Maserung betrachten, bevor man draufloshobelt. Bei Leiste (3) läuft auf der linken Seite die
Maserung nach oben, auf der rechten Seite ebenfalls. Man müßte hier von der
Bruchlinie nach außen hobeln. Zieht man den Hobel z. B. nur von links nach
rechts (4), würde die Faser links einreißen (schlechte Oberfläche).
(1) Sägekanten in Faserrichtung werden noch mit dem Hobel geputzt. Aus die- ▶
sem Grund läßt man beim Sägen etwas Holz neben der angerissenen Linie
stehen. (2) Ein Kantenende in Hobelrichtung wird meistens krumm. Hobeln Sie
die Kante erst von hinten 5 bis 10 cm an. (3) In Längsrichtung des Deckfurniers
läßt sich auch die Schnittkante von Sperrholz gut hobeln. Es empfiehlt sich aber
auch hier, das hintere Ende anzuhobeln, sonst reißen die Ecken der querver-
leimten Furniere aus. (4) Quer zum Außenfurnier hat man nur Splitter. Man muß
den Hobel von der guten Seite im flachen Winkel mit geringer Spanstärke über
die Kante ziehen. (5) Dies gilt ganz besonders für die Ecken. (6) Schäftungen
und Profile hobelt man ca. 45° zur Faser. (7) Rundungen werden zuerst auf ein
Vieleck und dann rund gehobelt. (8) Pfeile zeigen die korrekte Hobelrichtung.

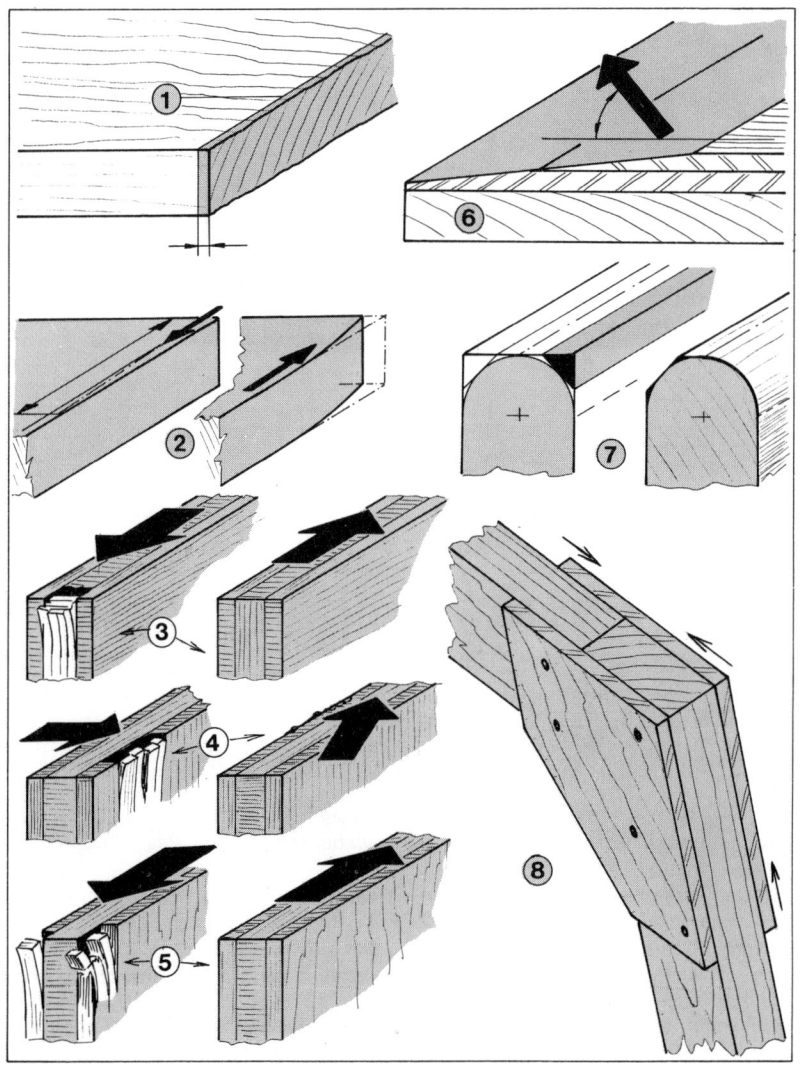

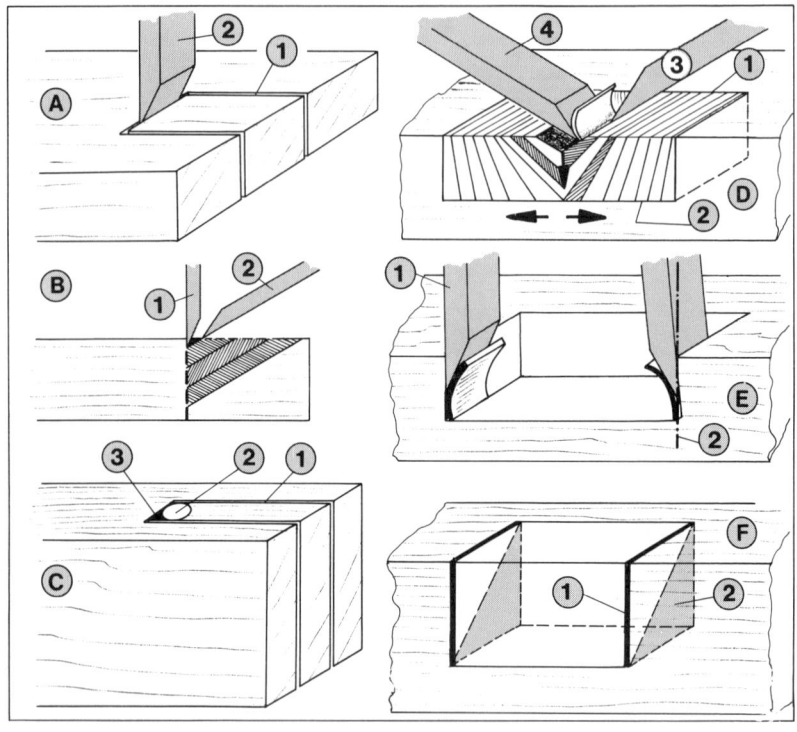

(A) Zinken an beiden Seiten (1) in Faserrichtung einsägen und ausstemmen (2).

(B) Erst senkrecht einstemmen (1), dann schräg Span abnehmen (2).

(C) Zapfenloch. Erst einsägen (1), quer ausbohren (2) und Rest (3) ausstemmen.

(D) Das verdeckte Zapfenloch (z. B. Decksbalkenlager) muß ausgestemmt werden. Man sticht erst die beiden mit der Faser laufenden Linien (1) + (2) an und beginnt dann von der Mitte aus (3) + (4) nach unten und zur Seite zu stemmen.

(E) Der letzte seitliche Span muß sehr sorgfältig gestemmt werden (1), sonst hat der Zapfen Luft (2).

(F) Handelt es sich um hohe Löcher, kann man diagonal einsägen (1) und dann den Rest (2) ausstemmen. In vielen Fällen reicht als Lager Teil (1).

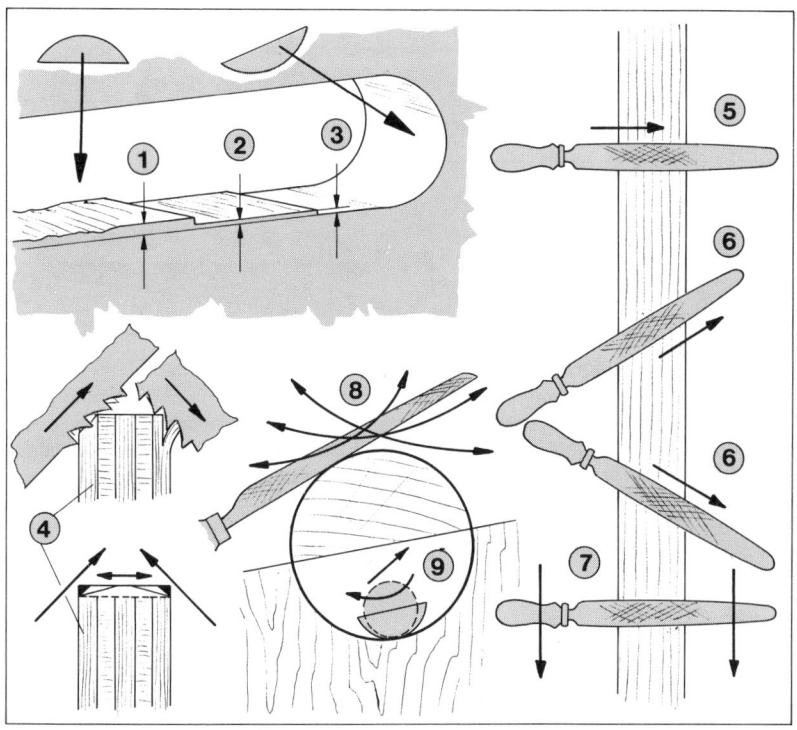

Raspeln und Feilen nur dort verwenden, wo hobeln nicht möglich ist.

(1) Mit der Raspel schrubbt man bis nahe an das vorgesehene Maß, verbessert mit der Feile (2) die Oberfläche, das Schleifen (3) dient nur noch dem Finish. (4) Sperrholz-Außenfurnier und Hirnholz bricht leicht aus. Zu vermeiden ist das nur, wenn man die Kanten in Faserrichtung abfast und dann die verbleibenden Buckel abnimmt. (5) Quer zur Faser sollte man nicht feilen, besser ist ca. 45° zur Faser (6) zu halten, dadurch hat die Feile mehr Auflage, und die Flächen werden besser. Vom handwerklichen Perfektionisten verpönt bringt das Ziehen der Feile (7) dennoch gute Resultate. (8) Rundungen feilt der Laie gefühlsmäßig immer in Richtung der Rundung. Richtig ist, die Feile entgegengesetzt zu führen (Pfeile). (9) Löcher werden mit der halbrunden Seite oder einer Rundfeile bearbeitet, indem man die Feile im Loch dreht und schiebt (Pfeile).

113

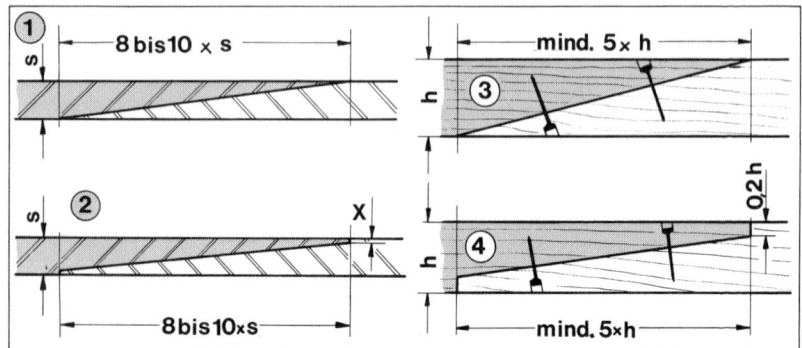

Schäften ist das Stoßen von zwei Bauteilen mit abgeschrägter Überlappung. Kurze Schäftungen sind relativ einfach. Ganze Platten sollte man geschäftet kaufen (nicht teurer als ca. ²/₃ m² Sperrholz). (1) Normale Schäftung von Sperrholzplatten. (2) Haken-Schäftung von Sperrholzplatten. Sehr schwierig (Fehlverleimung). (3) Schäftung von Vollholzteilen. (4) Haken-Schäftung von Vollholzteilen. Haltbarkeit gegenüber (3) schlechter.

(1) Für das Endmaß von zwei geschäfteten Platten muß man 2 x Schäftbreite in ▶ *die Rechnung einbeziehen. Achten Sie beim Zusammenlegen der Platten auf Furnierverlauf. Es reicht manchmal, sie um einige Millimeter gegeneinander zu verschieben.*

In (1) und (2) bedeuten: (O) = Oberseite, (U) = Unterseite, (a) = spitze Kante.

(2) Beide Platten in einem Arbeitsgang hobeln.

(3) Gehobelt wird ca. 45°, weg vom Deckfurnier (Pfeil). Ganz schmale Schäftungen können auch geraspelt werden. Die Furnierfugen müssen gerade verlaufen. (X) = zu viel weggenommen. (Y) = zu wenig abgehobelt.

(4) Schäftungen werden genagelt. Auf einer festen Unterlage (a) lege man die Platten zusammen, wobei man prüft, ob sie richtig passen. Nach dieser Probe wird Folie (b) unter die Preßstelle gelegt, beide Seiten der Platten mit Leim eingestrichen und zusammengelegt. Mit je einem Nagel (c) die Lage heften. Leimung mit Folie (d) abdecken und durch ein versetzt genageltes Brett (e) verpressen.

Achtung: (5) Stoß richtig; (6) Stoß steht über (zehntel Millimeter), das kann man später verschleifen; (7) Stoß liegt tiefer (Fehlverleimung).

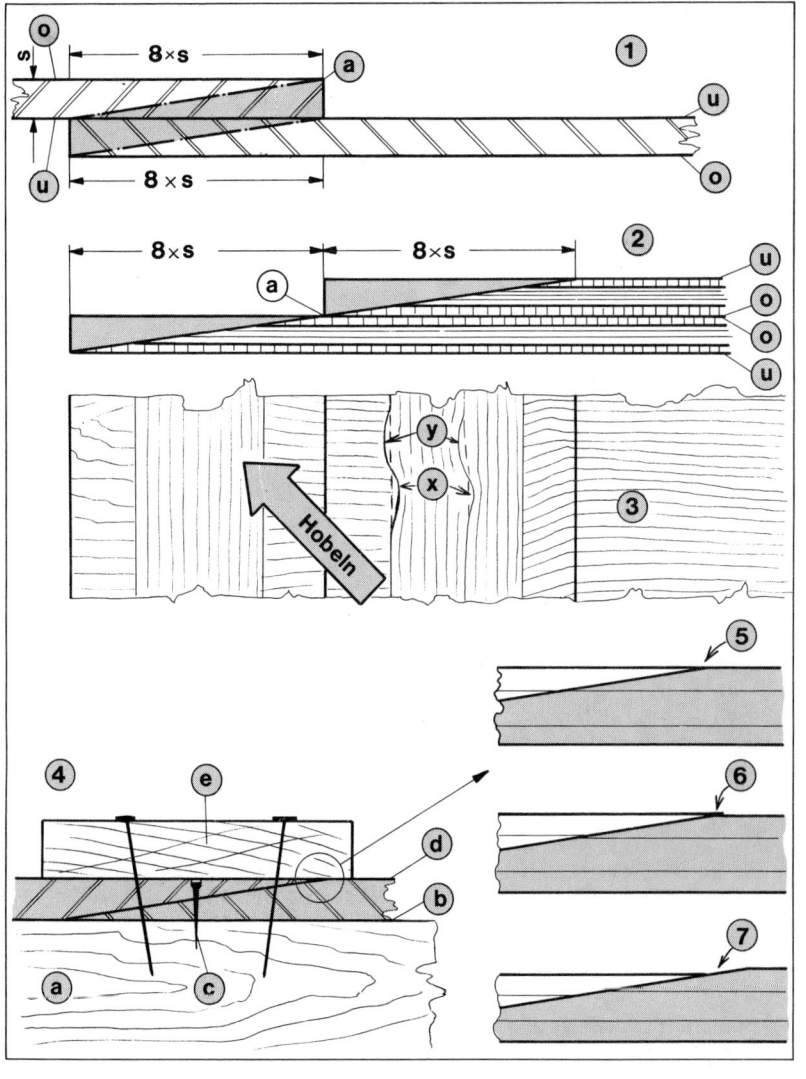

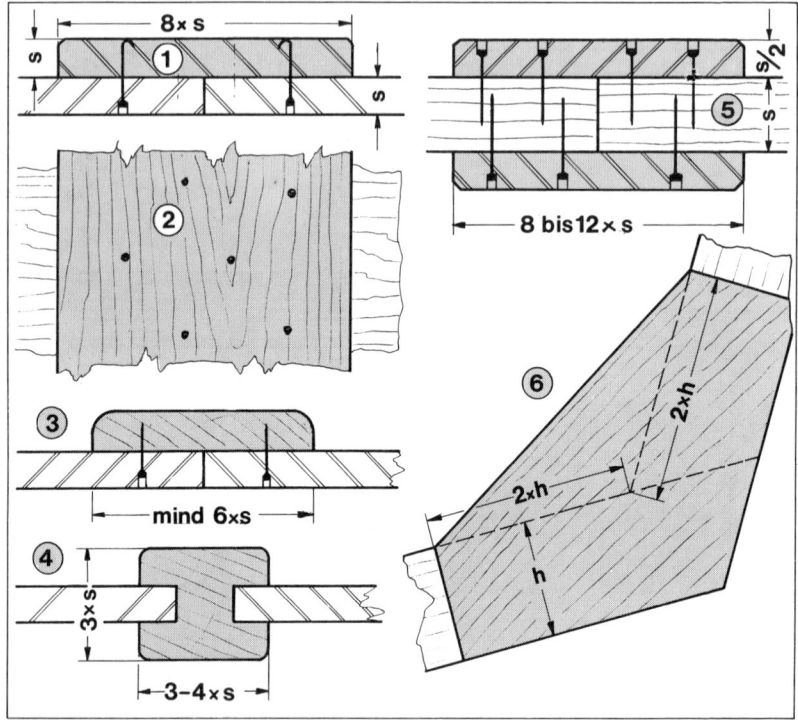

*Laschen nennt man das Verstärken einer Verbindung von stumpfgestoßenen
Teilen. Das Laschen ist einfacher als das Schäften, festigkeitsmäßig der Schäftung jedoch unterlegen. Stark belastete Stöße werden mit Sperrholz gelascht.*

*Skizze (1) und (2) zeigen die gelaschte Außenhaut, wie man sie bei einigen
kleinen Booten aus Gründen der Einfachheit, aber ohne Nachteil, ausführt.
Besser als die gezeichnete Version, in der die Nägel umgebogen werden und im
Holz verbleiben, ist das Arbeiten mit Nagelleisten.*

*(3) Lasche aus Vollholzleiste, z. B. bei symmetrischem Stoß von Decksplatten
oder Schotten.*

*(4) Die Lasche ist eine beidseitig genutete Leiste (besser als Skizze 3, siehe
Nuten).*

(5) Stumpfer Stoß von zwei Massivholzleisten mit Sperrholz beidseitig gelascht.

(6) Stumpf gestoßener Rahmenspant mit Sperrholz gelascht.

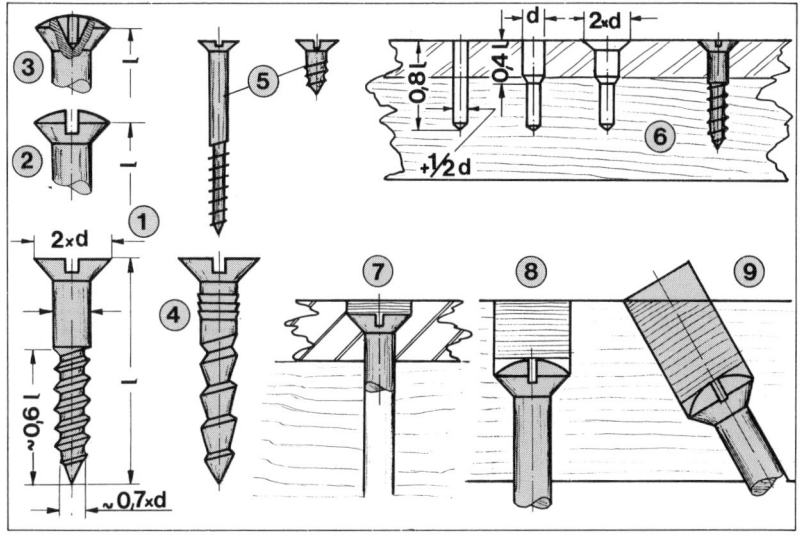

(1) Senkkopfschrauben sind die Schrauben für geleimte Holzverbindungen.

(2) Linsenkopfschrauben haben einen tieferen Schlitz. Man verwendet sie, wenn der Kopf sichtbar bleibt (besonders für Beschläge).

(3) Linsenkopfschraube mit Kreuzschlitz. Vorteil: Kopf wird nicht so leicht beschädigt. Gleichstellen der Schlitze: Nur 45° weiterdrehen.
Material: Verwenden Sie grundsätzlich nur Messingschrauben oder solche aus nichtrostendem Stahl. Verzinkte Schrauben taugen auch verdübelt nicht.
Bezeichnung (wichtig bei Bestellung): Holzschraube, Kopfart, d (mm) x l (mm), Material. Z. B. Senkkopfschraube, 6 x 40, Messing.

(4) Nagelschrauben sind Schrauben, die man mit dem Hammer einschlägt, gegenüber dem Schraubnagel kann man sie wieder herausdrehen.

(5) Je länger die Schraube, um so dünner kann sie gegenüber der Länge sein. D. h. kurze Schrauben sind relativ dicker im Durchmesser zu wählen.

(6) So wird in hartem Holz vorgebohrt. Weiches Holz: 0,5 d auf ca. 0,6 l.

(7) Schrauben, in dünnem Sperrholz höchstens 1—2 mm versenken. Farbanstrich: Kopf verspachteln. Naturlackierung: Kopf verkleben (s. Dübeln).

(8) + (9) Tief versenkte Schrauben mit Querholzdübeln verpfropfen (s. Dübeln). Einsetzen der Schrauben nur mit Wachs oder Seife. Kein Fett verwenden!

117

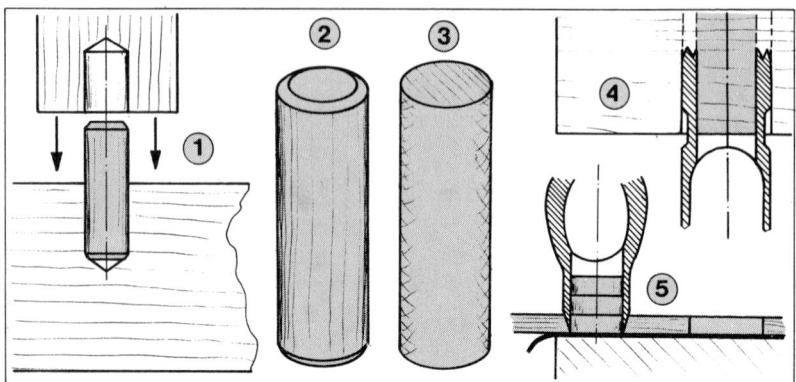

(1) Dübel als Verbindungselement für geleimte Holzverbindungen kann man vergessen.

(2) Dübel aus Langholz als Verbindungselement.

(3) Querdübel dienen zum Verpfropfen von Schraubenlöchern.

(4) Querholzdübel werden mit einem Scheibenbohrer gefräst. Sowohl die Bohrer als auch die Dübel sind relativ teuer, man braucht aber meist nicht viel.

(5) Als Notlösung (wenn man keine Querholzdübel bekommt und für flach versenkte Schrauben) kann man unter ein Stück Furnier Tesaband kleben, mit einem entsprechenden Locheisen Scheiben herausschlagen und diese einsetzen.

Nageln ist keine Frage des Geschmacks, sondern der Vernunft, dann nämlich, ▶
wenn man weiß, daß richtig geleimt wurde, und die Nägel wieder entfernt werden können oder ohnehin unsichtbar bleiben.

(1) Drei Kopfarten sind von Bedeutung, der Senk-, Flach- und der gestauchte Kopf. Die Nägel können vierkantig oder rund sein. Rund reicht aus, vierkantig hält besser, gibt es aber nicht in entsprechendem Material. Glatte Köpfe werden mit (A) bezeichnet, geriffelte, von denen der Hammer nicht so leicht abrutscht, mit (B).

(2) Schraub- bzw. Drallnägel haben ein sehr steiles Gewinde, werden eingeschlagen und halten besser als normale.

Material: Messing, Kupfer und nicht rostender Stahl (am besten, wenn Nägel im Holz bleiben, aber teuer).

Bezeichnung: Wichtig bei Bestellung! Nagel mit Kopfbezeichnung, d ($^1/_{10}$ mm) x

118

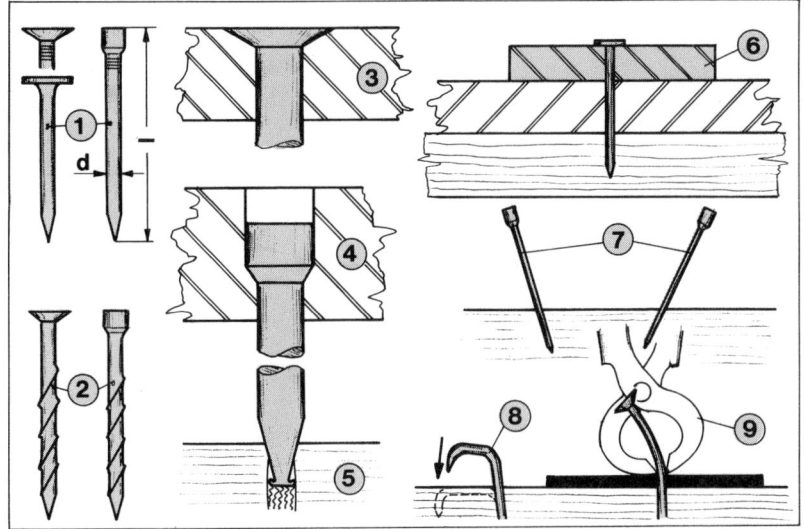

l (mm), Material. Z. B. Drahtnagel mit gestauchtem Kopf (B), 11 x 20, Messing. D. h. der Nagel ist aus Messing, hat einen geriffelten Kopf, ist gestaucht, 1,1 mm dick und 20 mm lang.

(3) Senkkopfnägel verwendet man dann, wenn die Gefahr besteht, daß sich gestauchte Köpfe durch das Material durchziehen würden. Sie lassen sich aber sehr schwer versenken.

(4) Gestauchte Nägel lassen sich leicht versenken. Das Loch über dem Kopf wird entweder verspachtelt oder mit Leim-Sägemehl-Gemisch aufgefüllt.

(5) Besteht die Gefahr, daß der Nagel das Holz spaltet, wird die Spitze stumpf geschlagen. Abkneifen nützt nichts! Wenn sich Nägel in härterem Holz immer wieder verbiegen, muß etwas vorgebohrt werden (0,5 d auf 0,5 l).

(6) Sollen die Nägel wieder heraus, verwendet man Nagelleisten mit Flachkopfnägeln. Das sind entweder kleine Sperrholzstückchen oder leicht spaltbare Leisten.

(7) Schräg gegeneinander eingeschlagene Nägel halten besser.

(8) So biegt man Nägel um.

(9) Beim Herausziehen von Nägeln legt man unter die Kneifzange eine Unterlage, um die Oberfläche zu schützen.

Wird sehr viel genagelt, ist unter Umständen eine Heftpistole (um 70 DM) mit nichtrostenden Klammern von Nutzen.

119

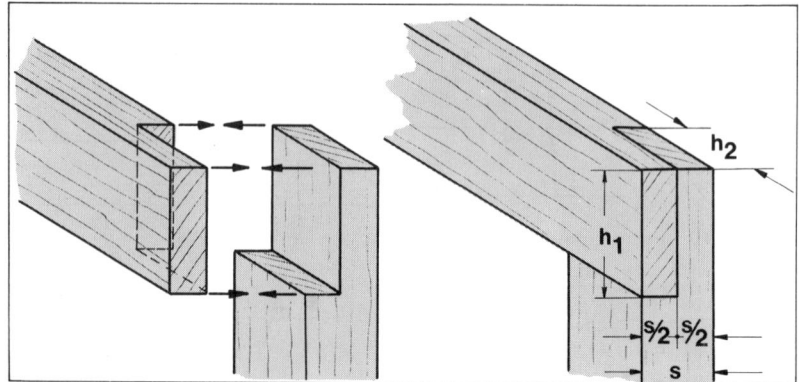

Überplatten ist die einfachste Verbindung von zwei im Winkel zueinander laufen-
den Leisten. Verwendung: Rahmenspanten, Verstärkungsrahmen usw.

Überplatten. Der Bootsbauer hat keine rechten Winkel, er muß verschiedene ▶
Winkel aufreißen und auf die Holzteile übertragen.

(1) Sie haben den Spant 1:1 aufgerissen. Jetzt legen Sie die entsprechenden
Leisten so auf, daß die Überplattung — so weit das möglich ist — symmetrisch
wird. D. h. die beiden Seitenleisten (a) + (b) liegen oben auf.
Wichtig ist jetzt eine Kennzeichnung der Teile, z. B. alle Vorder- oder Rückseiten
(Mallseite) mit einem zur Außenhaut gerichteten Pfeil versehen, damit keine
Verwechslung eintritt (weicher Bleistift).

(2) Zuerst die vier Ecken (x) senkrecht anzeichnen, dann oben (y) verbinden.
Bevor man die Mitte anreißt, sägt man 2 bis 3 mm parallel zum Außenmaß die
Leiste ab (grau). Dieser Überstand ist wichtig (siehe Skizze 6).

(3) Legen Sie beide Leisten auf, und zeichnen Sie mit dem Streichmaß vorne
und hinten die Mitte ein. Durch Umdrehen der einen Leiste kann man prüfen,
ob die Mitte stimmt (Vor- und Rückseite kontrollieren). Entsteht eine Differenz,
stimmt die Mitte nicht.

(4) Der halbe Strich bleibt beim Sägen stehen.

(5) Die Teile werden mit Leim bestrichen und verpreßt.

(6) Läßt man kein Übermaß, passiert es sehr leicht, daß nach dem Verleimen ein
Stück fehlt (schlecht, dort gammelt es später mit Sicherheit).

(7) Die Überplattung steht etwas über. Viel besser als in Skizze (8).

(8) Es wurde zu viel weggesägt. Beim Verleimen erhält die Leimfläche keinen
Druck (Fehlverleimung). Zu retten ist das nur mit einer Furnierzwischenlage.

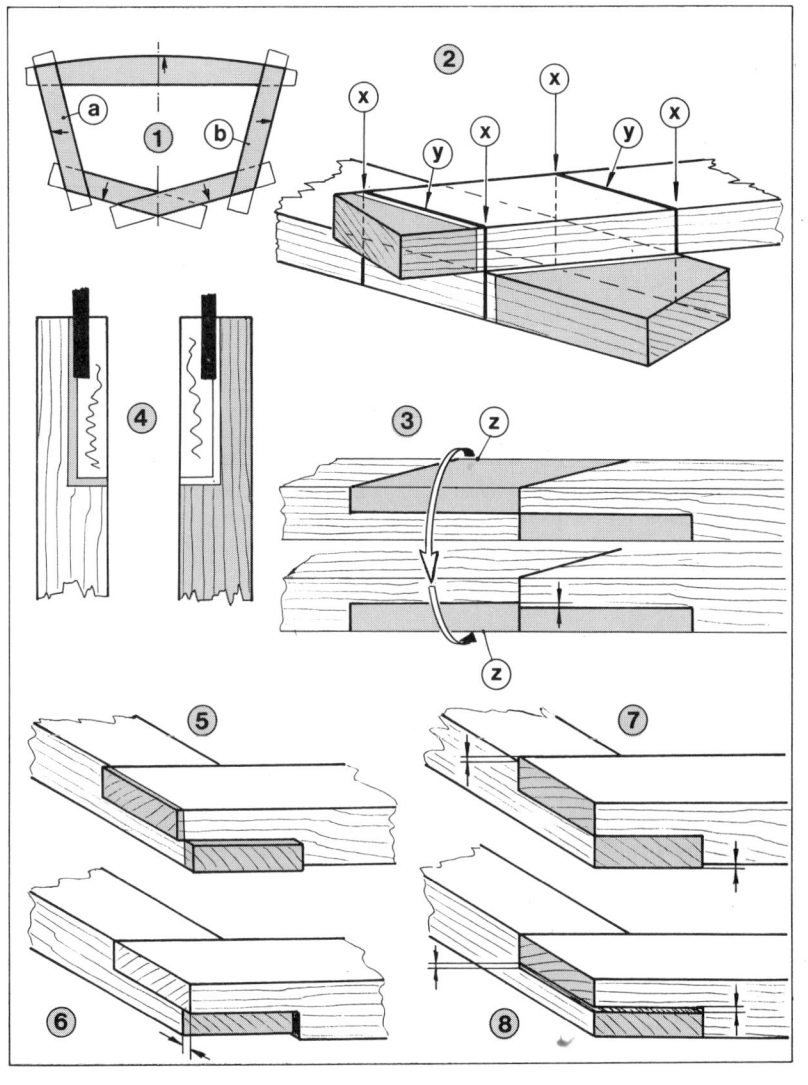

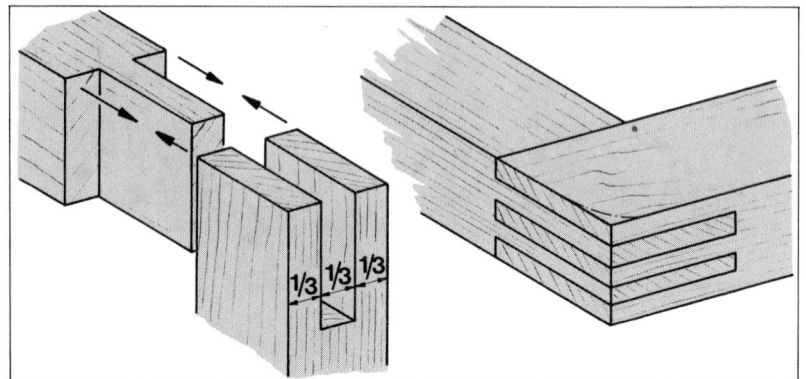

Schlitzen nennt man die hier gezeigte Holzverbindung. Sie hält besser als das Überplatten, ist aber komplizierter. (1) = einfach geschlitzt; (2) = doppelt geschlitzt. Verwendung: In erster Linie für außenliegende Rahmen, Sülls und in etwas abgewandelter Form für Decksbalken usw.

Einfach geschlitzter Rahmen.

(1) Die Teile werden auf die Zeichnung (Platte 1:1) gelegt. (a) + (b) bekommen ▶ Schlitze, (c) + (d) Zapfen. Angerissen wird genauso wie auf der Seite vorher. Die Querverbindung (y) zeichnet man allerdings nur auf den Teilen mit Zapfen (siehe Skizze 2 y).

(2) Zum Anreißen von Zapfen und Schlitz legt man beide Leisten auf eine ebene Unterlage und zeichnet mit dem Streichmaß vorne und hinten die Schnittlinien ein. Zur Probe dreht man eine Leiste um (z). Entsteht eine Differenz zwischen den Linien, ist etwas falsch.

(3) So wird gesägt: (rechts) Linien bleiben noch am Zapfen; (links) Linien bleiben noch an den Schenkeln.

(4) Der Schlitz wird quer gestemmt (a) + (b). Besser: Bohren (c) und Zapfen an Ecken (d) abrunden.

(5) Der Überstand (a) wird abgenommen. Wenn beim Zusammenpassen ein Spalt (b) zustandekommt, stimmte die Schmiege nicht.

(6) Der Zapfen steht nicht auf Mitte (a). Handelt es sich um einen freistehenden Rahmen, kann man das abhobeln. Ist es ein Süll- oder Deckelrahmen, muß der ganze Rahmen dünner gehobelt werden.

(7) Der Zapfen muß zwar gut sitzen (mit leichten Hammerschlägen einsetzen), darf aber nicht so streng gehen, daß der Schlitz aufplatzt. Das muß keineswegs gleich auftreten. Später, wenn das Holz quillt (auch wenn es lackiert ist), kann die Spannung zu Rissen führen.

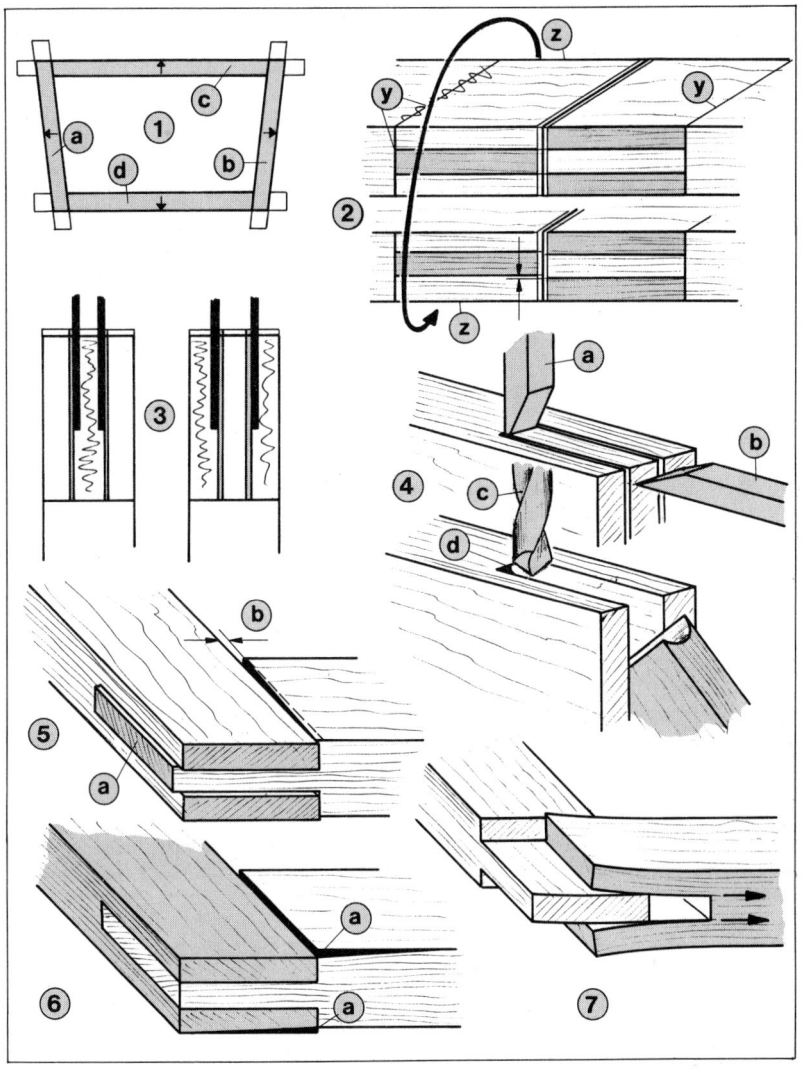

Abdecken von Hirnholz- und Sperrholzkanten. Hirnholz- und Sperrholzkanten, ▶
selbst wenn sie gut lackiert sind, gammeln am leichtesten. Man ist deshalb be-
strebt, sie zu verdecken wo immer es geht.

(1) Inneneinfassungen mit genuteten Leisten auf Gehrung geschnitten kann man
nur dann herstellen, wenn sie auf einer Seite offen bleiben (das vierte Rahmen-
stück läßt sich nicht einbauen). Die Skizze zeigt eine Cockpiteinfassung, die auf
dem Achterdeck flach ausläuft.

(2) Deckel- und Rahmeneinfassungen macht man deshalb mit gefalzten Profilen,
die die Schnittkanten abdecken.

(3) Ein Rahmen nur auf Gehrung geschnitten hält an Deck nicht lange (45° Hirn-
holzverleimung). Er muß entweder geschlitzt werden (s. die vorangegangenen
Seiten) oder die Gehrung muß verstärkt sein. Das kann man wie in dieser Skizze
mit Dübeln oder mit falschen Zapfen, Gehrung mit Überplattung usw. ausführen.
Diese Verbindungen sind sehr kompliziert, und die Beständigkeit ist nicht besser
als die der Überplattung.

(4) Eine Abdeckung mit Nutleiste ist sehr einfach. Die Nutleiste wird mit Leim
aufgesteckt, ein zusätzliches Pressen ist nicht erforderlich. Die Herstellung von
Nuten kann auf der Kreissäge erfolgen. Wie die Skizze zeigt, wird erst ein
Schnitt (a) und (b) durchgeführt und schließlich der Rest (c) herausgesägt. Die
einzuleimende Platte wird an den Kanten etwas abgehobelt (d).

(5) Es gibt Kreissägen mit Wanknuteinrichtung. Das Sägeblatt ist mit Keilschei-
ben schräg gestellt und schneidet so auf Nutbreite (a). Ein gewisser Nachteil ist
die gebogene Fläche (b). Im Bereich (c) hält die Leimung nicht, es sei denn, man
rundet die Kante etwas ab. Gleichgültig welche der beiden Nutarten Sie wählen,
es muß viel probiert werden, und die Gefahr des Verschneidens ist relativ groß.
Insgesamt ist man besser beraten, wenn man bei guten Hölzern die Nuten in
einem Fachbetrieb fräsen läßt.

(6) Umleimer werden am besten aus dicken Furnieren hergestellt. (a) = han-
delsübliche Umleimer, sie sind zu dünn und aus echtem Holz sehr teuer, (b) =
2,5 mm dickes Furnier, mit Resorcin-Harzleim verklebt.

(7) So werden Umleimer mit Leim aufgepreßt. Auf die Werkbank oder eine
andere Platte nagelt man zwei Leisten (a) auf, dazwischen kommt die Platte (b).
Die Kanten und Furniere werden mit Leim bestrichen, angelegt und mit einer
Distanzleiste (c) und Keilen (d) verpreßt. Damit die Platte nicht hochkommt, wird
sie durch Steine oder durch ein Brett (e) niedergehalten.

124

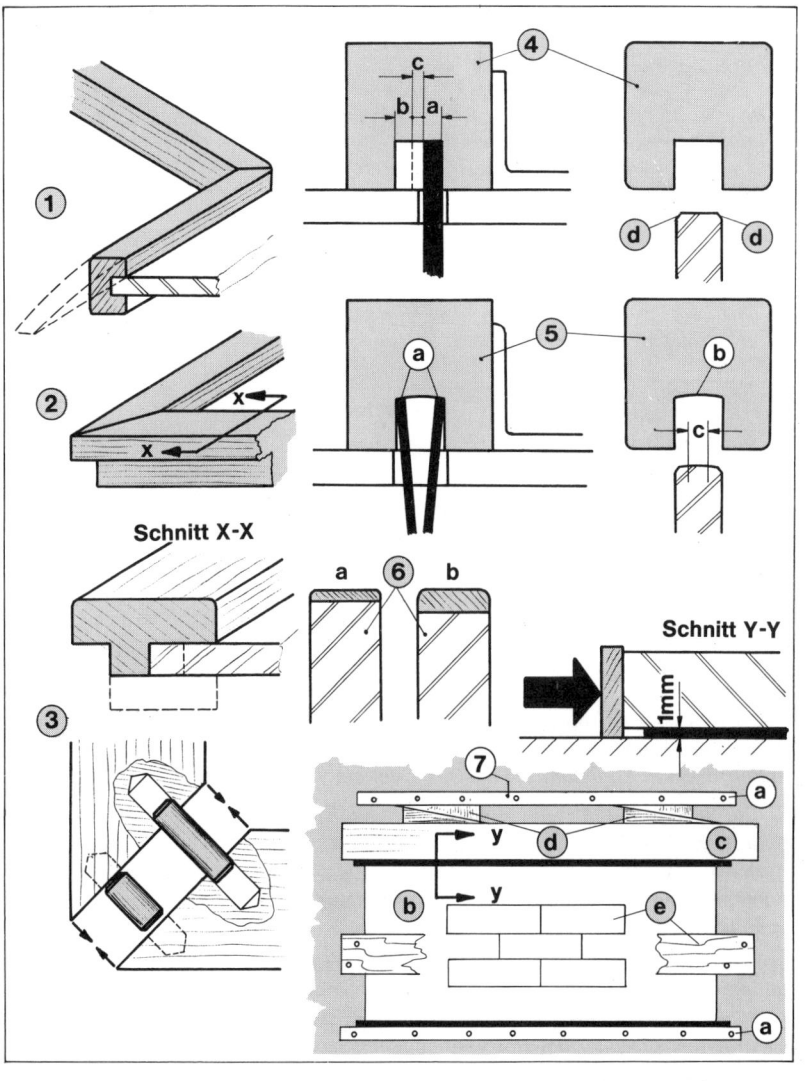

Schnitt X-X

Schnitt Y-Y

125

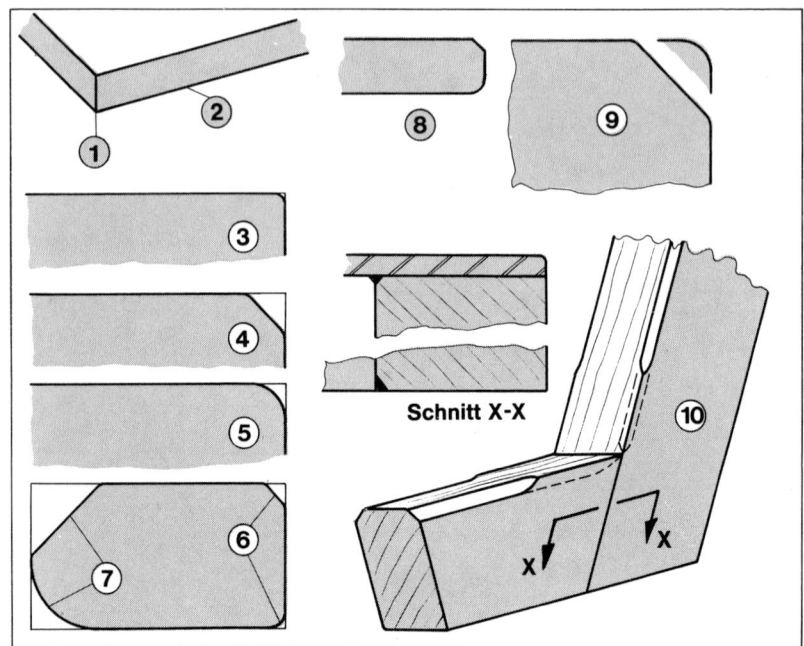

Abrunden und fasen von Ecken (1) und Kanten (2). (3) Klein abgerundete Ecke (geschliffen) führt leicht zu Verletzungen. (4) Abgesägte Ecken erfüllen ihren Zweck und sind leichter herzustellen als die abgerundeten Ecken (5). (6) Ecken dürfen nur so weit abgenommen werden, daß die Gesamtform erhalten bleibt und nicht wie in Abbildung (7) ein Oval oder ein Vieleck entsteht.

(8) Das bisher gesagte gilt analog auch für Kanten. Rund = geschliffen und eckig = gehobelt.

(9) Wenn man eine Kante mit Schleifpapier bricht, entsteht ein kleiner Radius. Zieht man mit dem Hobel einen kleinen Span ab und bricht die Kanten mit Schleifpapier, hat man die beste Form.

(10) Wenn man die Teile vor dem Zusammenbau fast und schleift, kommt man gut in die Ecken. Später benötigt man den Schinder oder die Feile und hat Mühe, die Ecken mit der Faser zu schleifen.

X-X: Kanten, die man bei Holzverbindungen nicht brechen oder fasen darf.

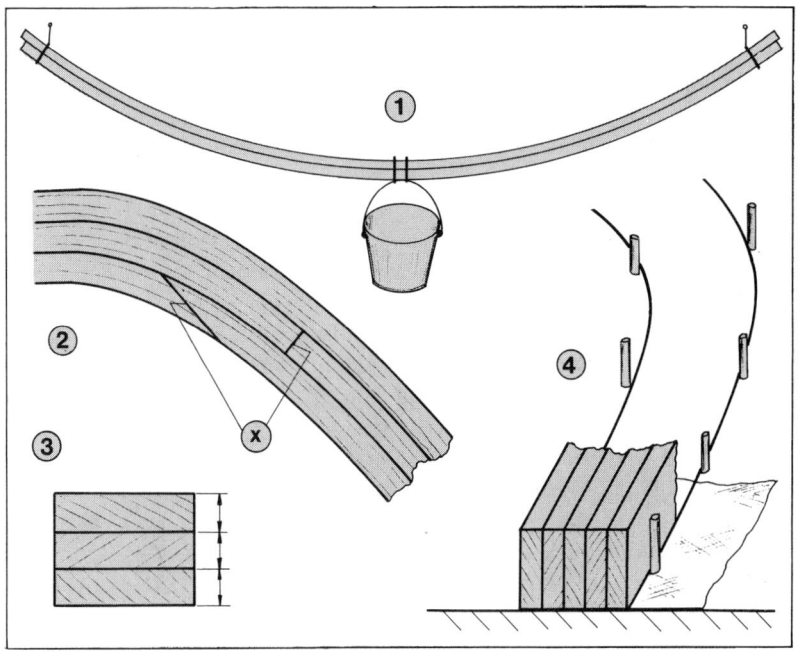

Biegen ist veraltet. Man biegt nur noch in Sonderfällen. Heute wird lamelliert.

(1) Vorbiegen von Wegern usw. Sie werden 14 Tage vor der Verwendung an den Seiten aufgehängt und in der Mitte mit einem Eimer voll Sand oder Steinen durchgebogen. Richtig biegen kann man Holz über Dampf.

(2) Lamellieren ist das Herstellen von mehrschichtigen Bauteilen. Der Leisten-(Lamellen)-Stoß kann stumpf oder schräg sein (x).

(3) Der Gesamtquerschnitt soll mindestens drei Lamellen haben, nicht dicker als 5 mm.

(4) Das gekrümmte Bauteil wird 1:1 auf einer starken Platte aufgerissen. Beiderseits der Kurve Nägel ohne Kopf einschlagen. Nach Abdecken mit Folie die mit Leim angestrichenen Lamellen einlegen. An den Enden setzt man noch eine Zwinge auf. Im Bereich der Kurve pressen sich die Lamellen selbst an.

127

Leimen

Im Bootsbau dominieren zur Zeit noch zwei Leimarten, die vor einigen Jahrzehnten den Flugzeug- und Bootsbau revolutionierten. Das sind die Resorcinharzleime und Harnstoffleime, die unter den Namen Kauresin und Kaurit von BASF bekannt wurden und heute von vielen Firmen hergestellt werden.

Die Entwicklung auf dem Sektor der Klebeharze hat in letzter Zeit zu einer Reihe von Klebern geführt, die in Zusammenwirken mit der Preisentwicklung den oben genannten Leimarten mit Sicherheit den Rang ablaufen werden. Das sind einerseits die Leime auf Melaminbasis, die recht preiswert sind (Fachhandel), und andererseits die Epoxi-Kleber. Diese Zweikomponenten-Kleber auf Epoxidbasis sind zwar teuer (doppelt so teuer wie Resorcinharz-Leime), haben aber gerade für den Einzelbauer nicht zu übertreffende Vorteile. Die Epoxi-Kleber sind farblos, das Mischungsverhältnis von Harz und Härter ist 1:1, sie brauchen nur einseitig aufgetragen zu werden. Statt des meist schwer herzustellenden Preßdrucks brauchen sie nur Berührungsdruck. Der Verbrauch gegenüber den Leimen ist sehr viel geringer, so daß der hohe Preis nicht so schwer wiegt. Neben diesen für den Einzelbauer großen Vorteilen sind die Kleber gerade für tropische Hölzer mit starken Holzinhaltstoffen (z. B. Teak) besser als Leime geeignet.

Die folgenden Tips und Verarbeitungshinweise beziehen sich auf die beiden oben erwähnten Resorcin- und Harnstoff-Leime, haben aber abgesehen von den auf die einzelne Leimart genannten Temperaturen und Preßzeiten allgemeine Bedeutung.

Die Resorcin-Harzleime sind den Harnstoffleimen überlegen, da sie eine bessere Alterungsbeständigkeit aufweisen. Leider haben Resorcin-Harzleime den Nachteil, daß sie dunkelrot bis lila gefärbt sind und beidseitig aufgetragen werden müssen.

Man sollte die Leime wie folgt verwenden:

Resorcin-Harzleime (dunkelrot bis lila) für Rumpf, Decks, Aufbauten und alle tragenden Verbindungen sowie dort, wo die Farbe des Leims keine Rolle spielt.

Harnstoffleime (glasig) überall dort, wo die Leimstelle sichtbar ist, und der dunkelrote Resorcin-Harzleim stören würde.

Die Verwendung von zwei Leimsorten macht den Bau eines Bootes jedoch wesentlich komplizierter, so daß man Boote ohne Kajüte (ohne Möbel) mit Resorcin-Harzleim bauen sollte.

Durch Zusatz von verschiedenen Härtern kann man auch andere Materialien verkleben.

Für die Verleimung ist entscheidend:

- Qualität des Leimes,
- Holzart,
- Größe der Fuge,
- Preßdruck,
- Verarbeitung des Leimes,
- Leimtemperatur sowie
- Holzfeuchtigkeit.

Harnstoffleime sollten mit möglichst kleiner Fuge verleimt werden, da eine dicke Leimschicht schneller altert.

Resorcin-Harzleime sind bis zu Fugen von 0,5 mm unempfindlich.

Die Gebrauchsdauer des Harzleim-Gemisches ist von der Temperatur abhängig. Hier ein Beispiel aus der Anleitung von Aerodux 185 B mit dem Härter 150 für fugenfüllende Einstellung der Leimflotte (für Kauresin 440 mit Härter 444 liegen die Zeiten über den hier genannten Werten und mit Härter 455 darunter):

Gemischtemperatur	°C	10	15	20	25	30
Gebrauchsdauer	h	6—8	4—5	2—3	1—2	$^3/_4$—1

Aus diesem Beispiel können Sie ersehen, welche Leimmengen je nach Temperatur verarbeitet bzw. angerührt werden können (siehe Leimmenge auf übernächster Seite).

Weitere wichtige Punkte:

● Die Flächen müssen glatt gehobelt und frei von Staub sowie anderen Verunreinigungen sein.

● Bei Harthölzern sollten die Flächen zur besseren Bindung kurz vor dem Verleimen noch einmal übergeschliffen oder gehobelt werden.

● Je dünner die Fuge, um so besser hält der Leim.

● Beste Bedingungen für die Verleimung sind 12 bis 16% Oberflächenfeuchtigkeit des Holzes.

● Die Dicke des aufzutragenden Leimes richtet sich nach der Qualität der Verbindungsflächen. Je besser diese zusammenpassen, um so weniger Leim verbraucht man.

● Bei trockenem Wetter und hoher Temperatur muß etwas mehr aufgetragen werden.

● Nicht unter 10° C arbeiten. Der Leim härtet nicht mehr aus.

● Der Preßdruck muß so bemessen sein, daß ein guter Kontakt der Flächen erzielt wird.

● Die notwendige Preßzeit ist temperaturabhängig (Beispiel aus der Gebrauchsanleitung von CIBA für den Resorcin-Harzleim Aerodux 185 B mit Härter 150; für Kauresin 440 mit Härter 444 sind die Preßzeiten etwas länger und mit Härter 455 etwas kürzer).

Temperatur der Leimfuge	°C	10	15	20	25	30	35	40
Min. Preß- bzw. Spannzeit	h	12	6	4	$2^1/_2$	$1^1/_2$	$1^1/_4$	1

● Für das Lamellieren von Holzteilen sind die Preßzeiten zu verlängern.

● Die volle Festigkeit und Wasserbeständigkeit der Leime tritt erst nach einigen Tagen ein (bis zu einer Woche). Bearbeiten kann man die Werkstücke aber schon nach der minimalen Preßzeit (am besten aber erst nach einer Nacht).

● Leime kühl aufbewahren.

● Nach den Richtlinien des Germanischen Lloyd sollen Montageleimungen nicht unter 15° C durchgeführt werden. Die Luftfeuchtigkeit soll 65—75% nicht überschreiten.

Für Harnstoffleime gilt zusätzlich:

● In Harnstoffleime wird der Härter nicht eingerührt, das hat den Vorteil, daß beide Komponenten länger aufbewahrt werden können. Auf die eine Fläche wird Leim, auf die andere Härter aufgetragen.

● Das Harz beginnt bei Berührung mit dem Härter nach kurzer Zeit zu gelieren und darf dann nicht mehr verrutscht werden.

● Auch hier gilt, je wärmer, um so schneller die Aushärtung. Nicht unter 10° C arbeiten (oder spezielle Härter verwenden).

● Für den Auftrag des Härters keine Pinsel mit Blecheinfassung verwenden (verfärbt das Holz). Am besten bindet man mit einem Band ein Stück Filz an einen Holzstab.

● Harthölzer und Sperrholzplatten mit mittelrauhem Schleifpapier anschleifen (in Faserrichtung) oder gleich nach dem Hobeln verleimen.

Leimmenge

Resorcin-Harzleim ist teuer. Deshalb sollte man vor dem Ansetzen ungefähr peilen, wieviel man braucht. Ein Blick auf das Thermometer sagt Ihnen, wie lang die Topfzeit ist. Kleine Gebinde haben meist an der Außenseite eine Skala, um das Harz abmessen zu können. Ist dies nicht der Fall, nehmen Sie ein Glas und wiegen 100 g Harz aus. Von einer Medizinflasche nehmen Sie den Meß-Deckel und wiegen 20 g Härter ab (Briefwaage). Damit haben Sie zwei Meßgefäße zum Mischen. 100 g Leim ist beim Bau eines Bootes ziemlich viel. Wenn die Leimfugen einigermaßen passen, können Sie damit fast einen halben Quadratmeter bestreichen. Das ist auf Leisten umgerechnet eine Seite einer 50 mm breiten und 10 m langen Leiste. Beginnen Sie schon einige Monate vor dem Bootsbau, leere Gurkengläser und ähnliches zu sammeln. Dann können Sie gelierten Restleim gleich mit dem Glas wegwerfen. Einwegbecher sind auch verwendbar.

Arbeitshinweise finden Sie in den folgenden Skizzen.

Prinzipieller Vorgang des Leimens mit Resorcin-Harzleim. Die genannten Zeiten ▶
sind nicht verbindlich, gültig sind nur die Hersteller-Angaben, die genau zu
beachten sind.

(1) Ansetzen des Leims. Die voraussichtlich notwendige Leim (Harz)-Menge wird
mit demHärter gut und knollenfrei verrührt. Bei größeren Mengen ist es vorteil-
haft, den Härter erst in der halben Harzmenge zu verrühren und dann mit dem
Rest zu mischen.

(2) Die Reifezeit (ca. 10 min) ist die Zeit, die vom Anrühren vergehen muß, bis
der Leim gebrauchsfertig ist. Diese Zeit braucht der Härter, um sich richtig zu
lösen.

(3) Nach der Reifezeit wird noch einmal gründlich umgerührt. Jetzt kann der
Leim verarbeitet werden. Es beginnt die

(4) Gebrauchsdauer (Topf- oder Standzeit). Nach Ablauf der Gebrauchsdauer
beginnt der Leim zu gelieren, er ist nicht mehr verwendbar.

(5) Auf beide Verbindungsflächen wird Leim aufgetragen (s. auch nächste Seite).
Es beginnt die

(6) offene Zeit (ca. 10 min), das ist die Wartezeit, die vergehen muß, bis man die
beiden Leimflächen zusammenpressen darf. Sie ist im allgemeinen beendet,
wenn die Oberfläche matt wird. Die offene Zeit darf nicht überschritten werden
(in dieser Zeit zieht der Leim ins Holz und dunstet etwas aus).

(7) Nach dem Zusammenpressen beginnt die Preßzeit. Sie ist immer einzuhalten,
es ist sogar zu empfehlen, über Nacht zu pressen, und nur bei Sommertempera-
turen über 20° C kann man die Mindestpreßzeit als ausreichend ansetzen.
Der Preßdruck kann auf sehr verschiedene Art erzeugt werden (s. nächste Seite).
Der Leimauftrag und das Pressen der Fuge ist richtig, wenn an den Verbin-
dungsstellen etwas Leim (x) austritt.

(8) Die Gebrauchsdauer ist temperaturabhängig. Sie kann an warmen Sommer-
tagen unter einer Stunde liegen. Leim, dessen Gebrauchsdauer überschritten ist,
beginnt zu gelieren, er darf weder weiter benutzt, noch darf im selben Gefäß
neuer Leim angesetzt werden (es sei denn, man reinigt es).

(9) Auch das Reinigen der Werkzeuge ist vor dem Gelieren durchzuführen. Bis
dahin reicht Wasser, etwas Zusatz von Soda erleichtert die Arbeit. Hat der Leim
bereits zu gelieren begonnen, muß man dem Wasser etwas Alkohol zusetzen.

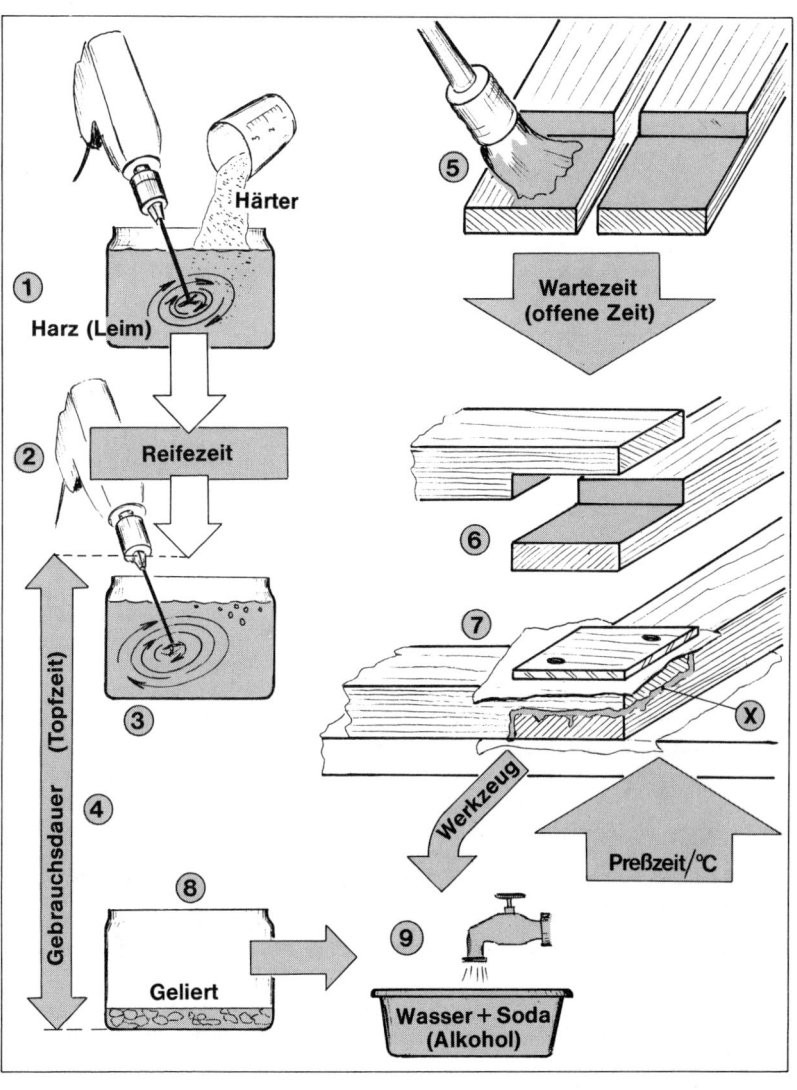

Leimauftrag wird nach einigen Probeleimungen Gefühlssache. Neben vielen bereits genannten Faktoren zur guten Verleimung ist auch die Forderung nach nicht zu dickem Leimauftrag wichtig.

Zu viel Leim muß aus der Verbindung ausgedrückt werden, um den richtigen Kontakt der Preßflächen zu erreichen, und das gelingt nicht ohne Schwierigkeiten. Auch die Preßzeit verlängert sich durch zu viel Leim. Außerdem altern dicke Leimfugen schneller.

Zum Auftragen des Leimes kommen im Einzelbau folgende Hilfsmittel in Frage:

(1) Der Pinsel. Er soll harte Borsten haben, darf nicht mit Blech eingefaßt und nicht mit Metallklammern gehalten sein (Leimpinsel), sonst kann das Holz fleckig werden.

(2) Für Flächenleimungen eignet sich der Leimkamm (Zahnspachtel aus Kunststoff) am besten.

(3) Sehr sparsam und handlich ist die Leimflasche. Sie ist im Handel als Leimspritze mit verschiedenen Düseneinsätzen erhältlich. Es ist allerdings darauf zu achten, daß sie vor dem Gelieren des Leimes sehr gründlich ausgewaschen wird.

(4) In Löchern und Fugen verstreicht man den Leim mit kleinen dünnen Holzleisten.

Für alle Leimwerkzeuge gilt grundsätzlich: Kein Metall verwenden. Es hinterläßt auf dem Holz u. U. Spuren.

Um eine richtige Verleimung mit Resorcin-Harzleim zu erreichen, genügt ein guter Flächenkontakt. Man bezeichnet ihn dann als ausreichend, wenn aus den Fugen kleine Leimperlen austreten (richtiger Leimauftrag vorausgesetzt).

Es gibt verschiedene Möglichkeiten, Preßdruck für eine Leimung zu erzeugen, und es muß keineswegs immer die teure Schraubzwinge sein.

(5) Der Preßdruck wird durch Nägel erzeugt (siehe dazu Nageln).

(6) Der Preßdruck wird durch Schrauben erzeugt (siehe dazu Schrauben).

(7) Zwischen die Leimstellen und eine Wand werden zwei Bretter gestellt und auf der richtigen Entfernung mit einer Schraubzwinge (x) zusammengespannt. Auf die Leimstelle kommt eine Unterlage (y), und an der Wand wird mit Keilen (z) der Preßdruck erzeugt.

(8) Dasselbe kann man auch mit einer Latte erreichen, die man unter eine schräg zur Leimung stehende Wand oder die Garagendecke schiebt.

(9) Von vielen gemieden wird die Stein- und Sandsackmethode, die jedoch zumindest bei Flächenleimungen und Leimungen von gekrümmten Teilen sehr praktisch ist.

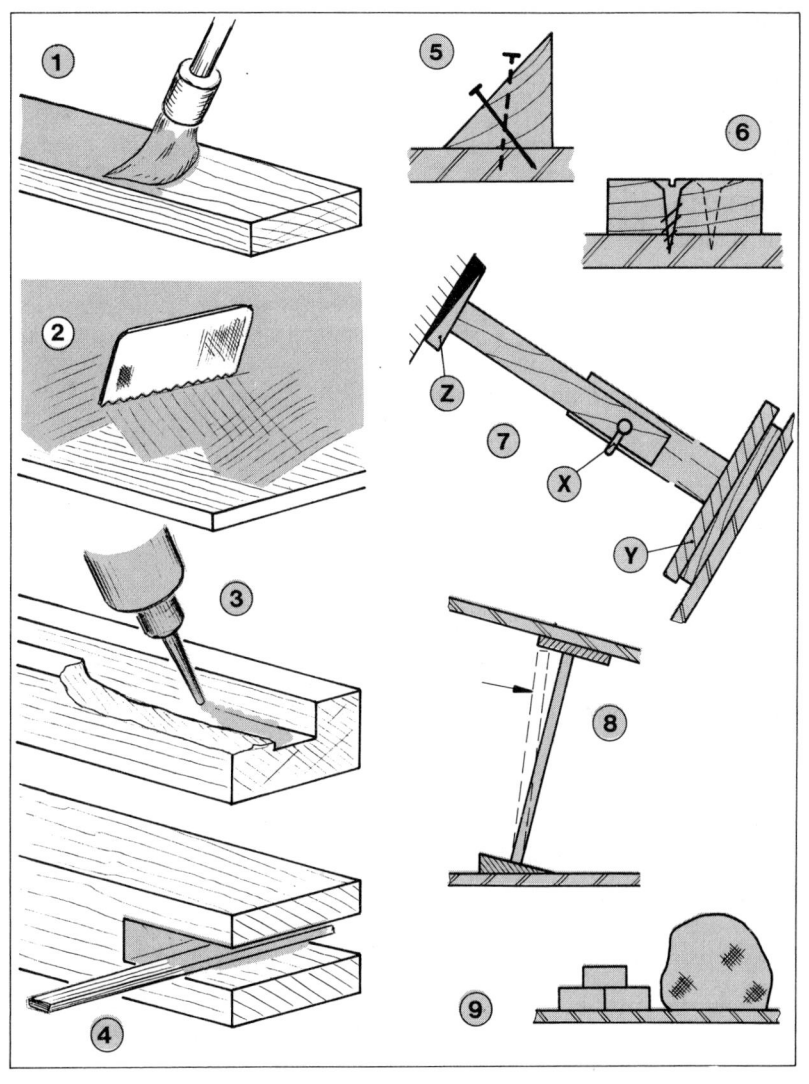

Kunststoffarbeiten (Polyester, Epoxi)

Hier ist nicht vom totalen Kunststoffselbstbau die Rede. Es wird der Umgang mit glasfaserverstärktem Kunststoff so weit behandelt, wie dies zum Nähen und zur Fertigstellung von Booten aus Kunststoff-Halbfabrikaten notwendig ist. Wer sich eingehender mit Kunststoffbau beschäftigen will, findet im Quellenverzeichnis entsprechende Hinweise.

Die Details der Verbindungen von Holz mit Kunststoff und Kunststoff mit Kunststoff finden Sie bei der entsprechenden Baumethode.

Im Einzelbootsbau wird mit glasfaserverstärktem Kunststoff gearbeitet. D. h. Glasseideneinlagen werden mit einem Harz verbunden und verklebt. Zwei Harzgruppen kommen dafür in Frage: Die preiswerten, ungesättigten Polyesterharze, die auch UP-Harze genannt werden. Zur zweiten Gruppe zählen die bis zu dreimal so teuren Epoxid-Harze, die man als EP-Harze bezeichnet. Epoxide haben als Kleber und breiartig vermischt mit Füllmitteln sowie als hochwertige Oberflächen-Beschichtungen (Epoxi-Farben) durch ihr geringes Schrumpfen große Vorteile. Als Kleber braucht Epoxi nur geringe Anpreßdrücke. Die Verklebungen auch großer Fugen haben enorme Festigkeit. Mit Kugeln oder Fasern als Füllmittel kann man bei winkeligen Plattenstößen auf Laminat verzichten.

Da fast alle Kunststoffboote aus Polyesterharzen hergestellt sind, wird man auch bei späteren Arbeiten an diesen Booten UP-Harze verwenden (von Hersteller Harzart erfragen).

Wird ein Boot genäht, empfiehlt sich die Verwendung von Epoxid-Harz. Obwohl es teurer ist, gewährleistet dieses Harz auf Holz eine bessere Haftung als UP-Harze.

Die Verbindung von Holz mit Kunststoff bei Verwendung von UP-Harzen erfordert einen gründlichen Voranstrich des Holzes mit einem Haftgrund unter Zusatz von Desmodur (das gilt auch für die Beschichtung von Holzbooten), um ein späteres Lösen der Verbindung zu verhindern. Man kann den Haftgrund entweder fertig kaufen oder auch selbst mischen.

Haftgrund wird aus $^1/_3$ Harz $^1/_3$ Desmodur $^1/_3$ Styrol

mit Zusatz von Beschleuniger und Härter (nach Herstellerangaben für das Harzgemisch zum Laminieren) gemischt.

Hier die entscheidenden Punkte, die beachtet werden müssen:

- Lassen Sie sich gleich von der Werft sagen, mit welchem Harz Sie arbeiten sollen.
- Anleitungen der Hersteller sind genau zu befolgen.
- Sorgen Sie bei Kunststoffarbeiten immer für gute Durchlüftung (Explosionsgefahr!).
- Alle Flächen, auf denen laminiert wird, vorher gründlich anschleifen und entstauben. Fett und jede Art von Schmutz vermindern die Haftfähigkeit.
- Arbeiten Sie immer mit Glasseidenmatten. Sie schmiegen sich an die Formstücke besser an (etwa 450 g/m²). Die Matte mit 450 g/m² wird häufig als Standardmatte bezeichnet.
- Dickflüssiges Harz ist meistens zu kalt. Es ist besser, wenn man es früh genug in einen warmen Raum stellt und nicht mit zu viel Styrol (max. 10%) verdünnt.
- Arbeiten Sie nicht bei Temperaturen unter 10° C oder bei Wetterlagen mit mehr als 80% Luftfeuchtigkeit.

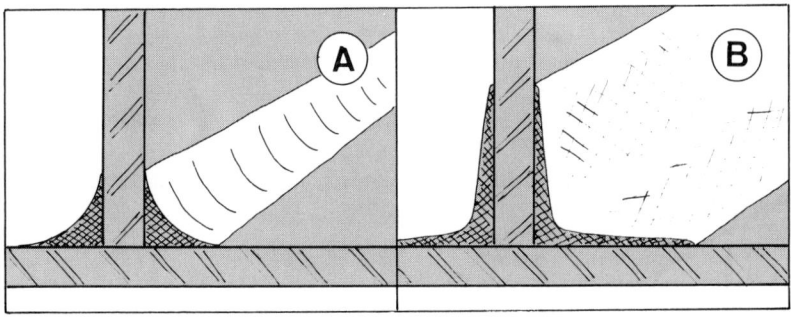

Skizze A: typische Plattenverbindung durch Epoxi mit Füllmittel kehlnahtartig verstärkt
Skizze B: typische Plattenverbindung durch Polyesterharz mit Glasfaser-Verstärkung.

Mischvorgang von Polyesterharz. ▶

(1) Zuerst wird das Harz mit dem Härter vermischt (Bohrmaschine langsamer Gang). Härter und Beschleuniger dürfen nicht zusammengemischt werden (Explosionsgefahr!). Die Harzmenge kann über den Daumen mit ca. 1,2 kg pro m² Glaseinlage (Grundlage der Schätzung ist eine Matte mit 450 g/m²) geschätzt werden. D. h. für einen Streifen von ca. 8 cm Breite und 1 m Länge brauchen Sie maximal 100 g Harz.

(2) Nach Einrühren des Beschleunigers* beginnt die Gebrauchsdauer.

(3) Die Arbeit kann beginnen, wenn die kleinen Luftblasen aus dem Harz aufgestiegen sind.

(4) Mit Auslaufen der Gebrauchsdauer (Topfzeit) beginnt das Harz zu gelieren (weiterer Gebrauch ist nicht möglich). Deshalb mischt man am besten für kleine Arbeiten das Harz in Wegwerfbechern aus Papier oder alten Marmeladengläsern an. Bevor diese Reaktion einsetzt, muß das Werkzeug gereinigt werden. Lösungsmittel ist Azeton. Ein Nachspülen in heißem Wasser, dem Soda zugesetzt wurde, ist zu empfehlen.

(X) Um beim Laminieren nicht zu viel Zeit zu verlieren, muß vor dem Einrühren des Beschleunigers alles gründlich vorbereitet und die Glaseinlagen zugeschnitten werden.

(A) Verbindung Kunststoff-Kunststoff.

(1) Flächen reinigen und schleifen. Harz mit Pinsel auftragen (für großflächige Arbeiten verwendet man Rollen).

(2) Auf die eingeharzte Fläche wird die Glaseinlage gelegt und mit dem Pinsel angetupft. Das Antupfen muß sehr gründlich erfolgen, damit alle Luft herauskommt. Die Luftblasen sind als milchige Flächen zu sehen. Ist die Glaseinlage durchsichtig geworden, ist auch die Luft raus. Besonderes Augenmerk muß den Kanten und Rändern gelten.

(x) Soll der Übergang der Matte zur Klebefläche flach auslaufen, wird die Matte an den Rändern ausgefranst.

Achtung! Sobald das Harz zu gelieren anfängt, darf es im Laminat nicht mehr bewegt werden.

(B) Verbindung Kunststoff-Holz.

(1) Flächen reinigen, anschleifen und die Verbindungsfläche des Holzes mit Haftgrund anstreichen. Der Haftgrund soll zwar anziehen, die beste Verbindung kommt aber innerhalb der ersten 24 Stunden nach dem Auftrag zustande.

(2) Verbindungsflächen mit Harz einstreichen (siehe auch A).

(3) Glaseinlage auflegen und mit Pinsel antupfen (siehe auch A).

* Häufig sind Harze vorbeschleunigt. Achtung! In diesem Fall nur Härter.

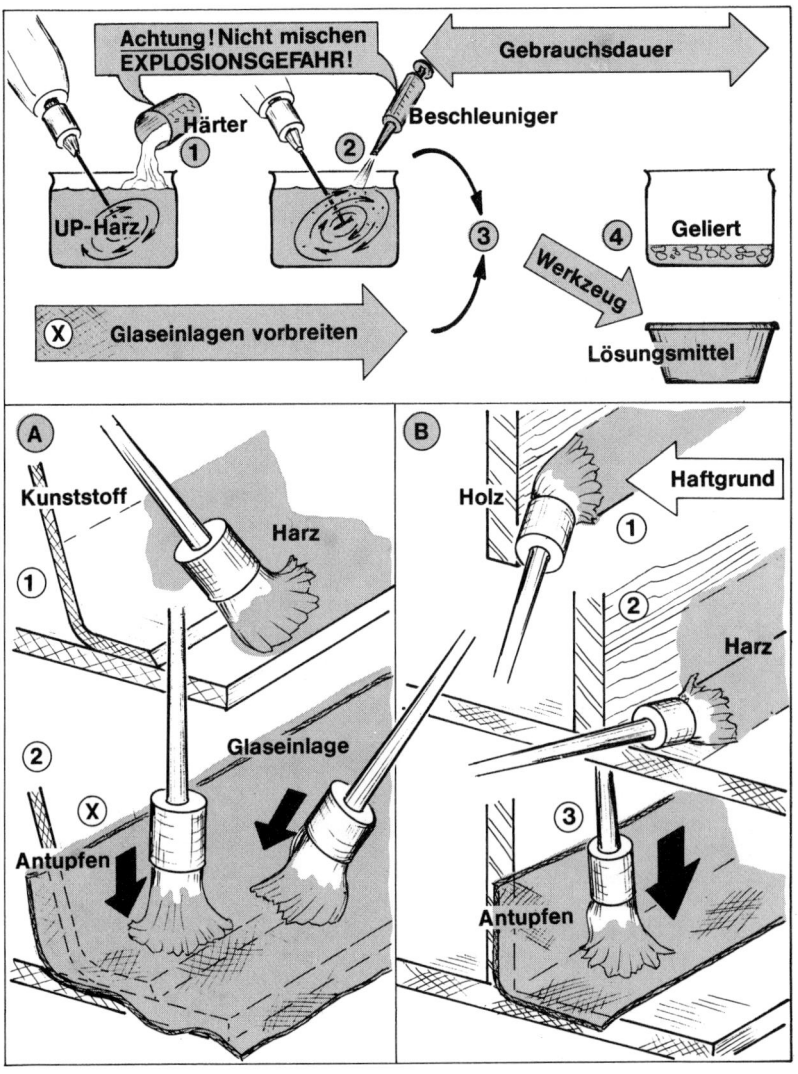

139

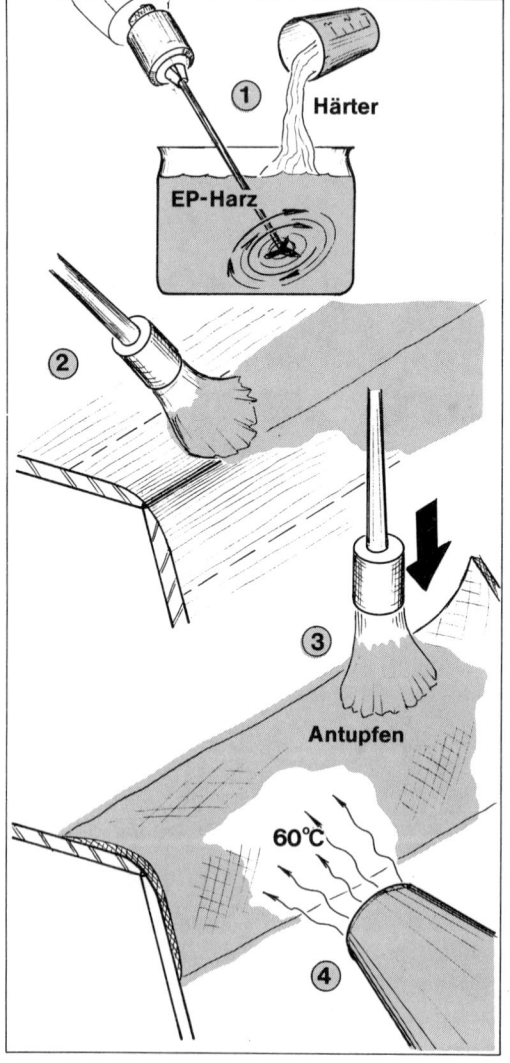

Arbeiten mit Epoxid-Harz.

(1) Epoxid-Harze werden nur mit Härter vermischt (Bohrmaschine langsamer Gang). Die Gebrauchszeit hängt von Temperatur und Härterzugabe ab.

(2) Nach Säubern und Überschleifen der Flächen wird mit dem Pinsel Harz aufgetragen (Menge: Für einen 10 cm breiten Mattenstreifen von 1 m Länge maximal 100 g). Ein Haftgrund für die Verbindung von Holz mit EP-Harz ist nicht erforderlich.

(3) Matte auflegen und mit Pinsel antupfen. Einen glatten Übergang von Matte zu Klebefläche erreicht man durch Ausreißen der Fransen an den Rändern.

(4) EP-Harze härten in Raumtemperatur nur sehr langsam aus. Diesen Vorgang kann man mit einem Heizlüfter oder Föhn beschleunigen. 60° C ist die optimale Temperatur (siehe auch Verarbeitung von UP-Harzen auf der vorhergehenden Seite).

Schleifen, die Vorbereitung zum Malen

Schleifen ist das Bearbeiten von Oberflächen mit Schleifpapier. Einerseits liegt die Aufgabe des Schleifens in der Verbesserung von Oberflächen, d. h. der Beseitigung der letzten Unebenheiten, andererseits werden „glatte" Oberflächen angeschliffen, um auf diese Weise einen besseren Haftgrund für Farbe, Leim und Harz zu schaffen.

Hier soll das Schleifen zur Beseitigung der Unebenheiten, also die Verbesserung der Oberfläche von Holz zum Malen und Lackieren besprochen werden.

Es gibt viele Arten von Schleifpapier. Für Bootsbauhölzer eignet sich Korund (blau bis braun) und Silizium-Karbid (grau bis schwarz) am besten. Die Körner sind scharfkantig und hart; gegenüber anderem Schleifpapier (Glas, Flint) haben Sie den Vorteil, daß die Holzfaser geschnitten wird und das Papier länger gebrauchsfähig bleibt.

Die Korngröße auf dem Schleifpapier wird in drei Gruppen eingeteilt:

grob	12...40	50	60	80	
mittel		100	120	150	180
fein		220	240	280	320 ...600

Vorgeschliffen wird mit 40 bis 80. Der Feinschliff erfolgt mit 120 bis 180 (220).

Nach der ersten Grundierung bleibt man bei 180 oder geht etwas darüber. Ein weiterer Zwischenschliff zum Aufrauhen einer Farbschicht wird mit der vom Farbhersteller genannten Korngröße durchgeführt. Für Naturlackierungen reicht in Faserrichtung Schleifpapier mit Körnung 180.

Beim Naßschleifen wird mit einer Schleifflüssigkeit (z. B. Testbenzin) gearbeitet. Das hat gegenüber dem Trockenschleifen den Vorteil, daß man Schleifpapier nicht so schnell abnutzt, und der Schleifstaub gebunden wird. Man erzielt mit Körnungen über 220 vorzügliche Oberflächen. Naßschleifen ist in erster Linie für Zwischenschliffe beim Farbaufbau gedacht (Hinweise der Farbhersteller beachten).

Eine weitere Unterscheidung des Schleifpapiers wird in der Streudichte der Körner gemacht (dicht, halboffen, offen). Die dichte Bestreuung hat die größte Schleifleistung. Das offen bestreute Papier setzt sich nicht so leicht mit Schleifstaub harzhaltiger Hölzer oder Farbstaub zu. Das hat vor allem beim Schleifen mit Maschinen besondere Vorzüge.

● *Schleifen nach dem ersten Anstrich*

Es gibt Bauteile, bei denen man überlegen kann, ob sie vor dem Einbau einmal grundiert (Leimstellen abkleben) werden sollen. Dann nämlich, wenn man nach dem Einbau nicht mehr richtig rankommt, durch späteres Schleifen Hölzer in der Umgebung beschädigen oder durch die Verleimung die Fläche mit Leim bekleckert würde.
Der Normalfall ist jedoch Malen nach dem Einbau.
Beim ersten Anstrich quillt die Oberfläche des Holzes. Anliegende feine Fasern stellen sich auf und bleiben nach dem Abbinden der Grundierung stehen. Diese müssen unbedingt abgeschliffen werden. Die spätere Oberflächenqualität wird wesentlich verbessert.

● *Schleifen zwischen den Anstrichen*

Wenn nach dem ersten Grundieren gründlich geschliffen wurde, ist ein Anschleifen vor den folgenden Anstrichen im allgemeinen nicht erforderlich, wenn nicht mehr als 48 Std. zum vorangegangenen Farbauftrag vergehen.
Der Farbaufbau sollte — so weit das technisch möglich ist — zeitlich gut eingeteilt werden. Bei Temperaturen über 20° C kann man früh und abends je einen Anstrich und bei Temperaturen unter 20° C alle 24 Std. je einen Anstrich durchführen.

● *Ausbürsten und Entstauben*

Durch das Abfegen oder Abwischen einer Holzfläche nach dem Schleifen ist der feine Staub von der Oberfläche keineswegs beseitigt, und jedes Staubkorn verschlechtert die Haftqualität des ersten und damit die der weiteren Anstriche. Deshalb sollten größere Flächen (Außen-

142

haut, Decks, Duchten) mit einer Porenbürste (feine Messingdrahtbürste) sehr sorgfältig in Faserrichtung ausgebürstet werden. Während dieser Arbeit sammelt sich in Ecken wiederum Staub. Dieser wird mit dem Staubsauger (Schlitzdüse) abgesaugt.

● *Fettflecke*

Durch Fettflecke verfärbt sich die Holzoberfläche, und die Farbe hält nicht. Mit einem Brei aus Bimsmehl und Tetrachlorkohlenstoff wird der Fettfleck überdeckt (ca. 2 cm über den Fettrand hinaus, Schichtdicke ca. 3 mm). Über Nacht wird das Fett vom Tetrachlorkohlenstoff zersetzt und wandert in das Bimsmehl, das man am nächsten Tag abfegen kann. Wenn diese Kur nicht gereicht hat, muß sie wiederholt werden.

● *Ausbessern vor dem Malen*

Beim Schleifen entdeckt man häufig noch Stellen, die ausgebessert werden müssen, z. B. ein ausgerissener Span in einem Holzwirbel, eine kleine Fuge in einer Holzverbindung, ein Loch in der Oberfläche durch heruntergefallenes Werkzeug, eine vorher nicht bemerkte kleine Harzgalle oder das Loch von einem wieder entfernten Nagel.

Wird die Fläche mit Farbe gemalt, kann man diese Schönheitsfehler durch Spachteln mit einem Kunstharzkitt beseitigen.

Soll das Holz natur bleiben, sollte der Fehler mit anderen Mitteln ausgebessert werden. Das kann mit einem Querholzdübel (s. dort) oder mit einem Gemisch aus Sägemehl der entsprechenden Holzsorte und glasigem Harnstoffleim ausgeführt werden. Die Schicht wird etwas erhaben aufgetragen, damit man die Stelle nach dem Abbinden des Leimes gut überschleifen kann.

(1) Eine ungeschliffene Oberfläche ist sehr rauh. Die Unregelmäßigkeiten ▶ stammen vom Hobel- und anderen Werkzeugschneiden.

(2) Würde man diese Fläche grundieren und nachträglich schleifen, wird der Farbfilm an allen Erhebungen durchgeschliffen. Die Folge wäre freigelegtes Holz, das beim nächsten Anstrich wieder aufquellen würde. Dazu kommt die Tatsache, daß das Licht ungleichmäßig von einer unebenen Fläche reflektiert wird und dadurch den Eindruck einer nicht glatten Fläche entstehen läßt.

(3) Durch das Schleifen werden die erhabenen Teile der Fläche abgenommen.

(4) Die nun folgende Grundierung ist nicht mehr so unregelmäßig und wird auch nicht durchgeschliffen. Durch das Schleifen entsteht eine weitere Glättung der Oberfläche, und die durch das Quellen des Holzes aufgestellten feinen Fasern werden abgeschnitten. Jetzt wird auch das Licht auf der Lackierung gleichmäßiger reflektiert, wodurch die Fläche gerade und glatt erscheint.

(X) Besonders tiefe Kratzer von der abgerutschten Säge, verkantetem Hobel, einem Eisenspan in der Feile usw. sind sehr schwer und meist nur durch Hobeln zu beseitigen. Entfernt werden müssen sie, da der aufgetragene Lack in den Riß hineinschrumpft, und das Licht dort unregelmäßig reflektiert wird. Dadurch sieht man diese Stellen immer zuerst.

(5) Für Naturlackierungen wird in Faserrichtung geschliffen. Eine Körnung von 180 reicht für die Oberflächenqualität.

(6) Wird Holz mit Farbe gemalt, schleift man quer zur Faser. Ausreichende Oberflächenqualität für die Grundierung erreicht man mit 150–180er Körnung. Für weitere Schliffe nach der Grundierung sind die Empfehlungen der Farbhersteller zu beachten.

(7) Durch diagonales Schleifen zur Faser und weiteres kreuzweises Schleifen zur ursprünglichen Schleifrichtung erreicht man die beste Schleifleistung (nur bei Farbanstrich).

(8) Für gerade und leicht gekrümmte Flächen legt man das Schleifpapier um einen Klotz (weiches Holz oder Kunstkork). Die Kanten sind so weit abzurunden, daß das Schleifpapier nicht bricht.

(9) Für kleine Flächen an Kanten und Ecken legt man das Schleifpapier doppelt zusammen. Da es im Holz weichere und härtere Stellen gibt, muß man darauf achten, daß man keine Mulden schleift.

(10) Für Ecken und kleine Rundungen wickelt man das Schleifpapier um eine Feile oder schneidet eine entsprechende Holzleiste in der Mitte an (x), die man als Schleiffeile verwendet.

(11) Schleifen mit Maschinen ist mit weniger Mühe verbunden. Flächen- oder Vibrationsschleifer sind eine gute Hilfe, vorausgesetzt sie haben ausreichende Schwingzahl (siehe Werkzeug).

Achtung! Der normale Schwingschleifer schleift in Kreisbewegungen und ist deshalb für Naturlackierungen nicht zu verwenden.

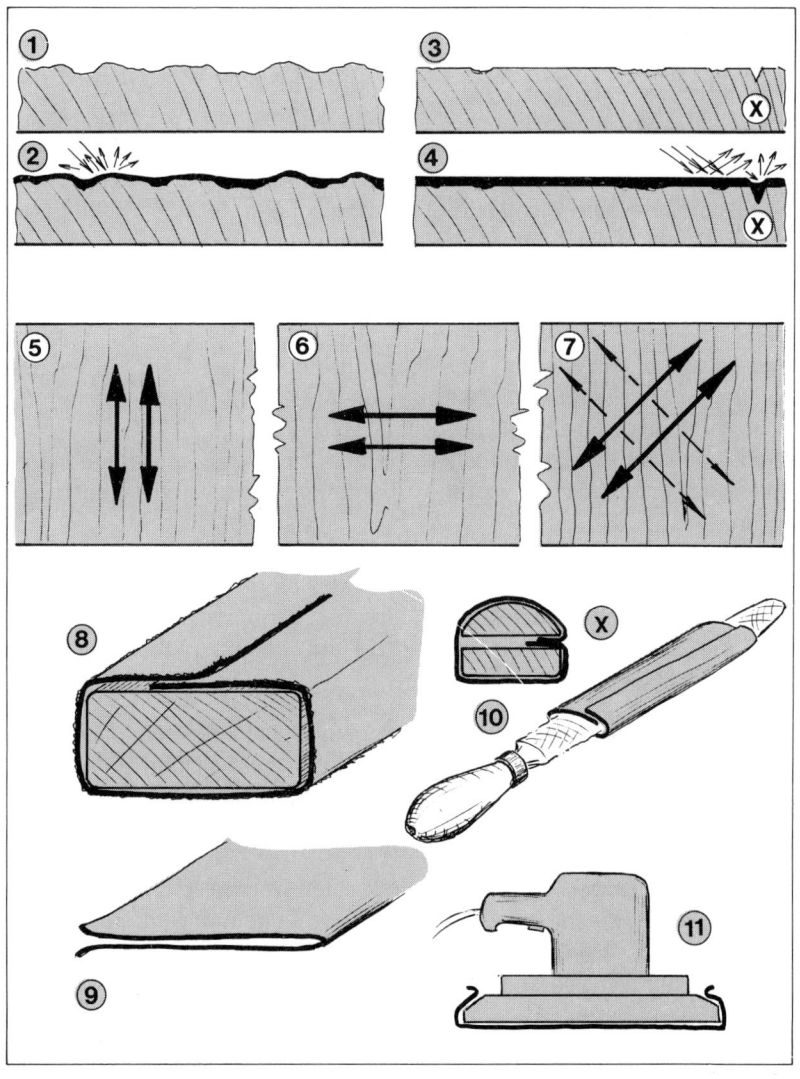

Lackieren und Malen

Der Schutz des Holzes durch Lack oder Farbe ist der Abschluß des meist mit viel Mühe entstandenen Bootes. Sowohl das Lackieren wie das Malen ist eine zeitraubende Arbeit und trägt im entscheidenden Maß zur Qualität, zum optischen Gesamteindruck und damit zum Finish des Bootes bei. Die wichtigsten Voraussetzungen für einen gelungenen Farbanstrich sind saubere Holzverbindungen und gut geschliffene Flächen.

Im wesentlichen kommen für den Einzelbau zwei Gruppen von Farben und Lacken in Frage. Die eine große Gruppe hat nur eine Komponente und ist unter dem Begriff „Kunstharzfarbe oder -Lack" im Handel. Die zweite Gruppe sind die Zweikomponenten-Farben und -Lacke, die schlechthin als „DD-Lacke" bezeichnet werden.

Die Farben mit Zweikomponenten sind bis zu dreimal teurer, aber sehr viel widerstandsfähiger, was die Überholungsarbeiten wesentlich herabsetzt.

Der Farbaufbau ist von Hersteller zu Hersteller verschieden. Aus diesem Grund möchte ich hier gar nicht — so weit es die Farben betrifft — in Einzelheiten gehen. Bestellen Sie sich von den verschiedenen Farbfirmen die Bootsmalfibel und eine Preisliste, damit erhalten Sie einen guten Überblick.

Zu beachten ist neben den Verarbeitungshinweisen der Hersteller:
● Die beste Farbe hält nicht, wenn der Untergrund nicht in Ordnung ist.
● Vor allem bei Zweikomponentenfarben sollte man die erste Grundierung bis zu 70%* verdünnen. Dadurch dringt die Farbe viel besser in das Holz ein.
● Durch den Einbau von Decks und Duchten werden Räume unzugänglich oder ganz verschlossen. Sie müssen vorher gemalt werden.
● Farblose Lackierung ist für gutes Holz der Farbe immer vorzuziehen.
● Malen Sie nicht unter 10° C oder bei mehr als 80% Luftfeuchtigkeit.
● Nach dem ersten Farbauftrag muß auf alle Fälle geschliffen werden.

* Heute geht die Tendenz (zumindest bei Sperrholz) zu weniger Verdünnung.

● Stellen Sie angebrochene Dosen auf den Kopf.

● Pinsel in den Lösungsmitteln auswaschen, die zur Farbe gehören.

● Mischen Sie beim Farbaufbau nicht Farben von verschiedenen Herstellern.

Farbloser Lack ist nicht nur der Farbe vorzuziehen, weil man den Holzcharakter erhält, auch in Ecken, unter den Bodenplatten oder unter Decks ist er günstiger, da man später das Gammeln in den Holzecken besser sehen kann.

Malt man mit Farbe, ist ein kreuzweises Aufbringen der Farbschichten empfehlenswert.

Beim Naturlackieren wird in Richtung der Faser gemalt.

Für die Wahl, ob man Holz natur lackiert oder mit Farbe überpinselt, ist folgender Rat zu geben: Die Außenhaut wird mit Farbe gemalt, die Decks, das Cockpit und die Einbauten naturlackiert.

Starkbelastete Teile sollte man immer mit Zweikomponentenlack malen, man kann dann auch Mattlack verwenden.

Montage der Beschläge

Je nach der Art des Bootes hat man es mit mehr oder weniger vielen Beschlägen zu tun. Leicht belastete Beschläge werden aufgeschraubt, stark belastete durchgeschraubt. Selbst auf Kunststoffbooten werden im wesentlichen nur die Püttings und das Motorfundament anlaminiert.

Wichtig für den richtigen Sitz eines stark belasteten Beschlages ist die Unterlage, auf der er verschraubt wird. Ein weiteres entscheidendes Kriterium ist das wasserdichte Aufsetzen durchgeschraubter Beschläge.

Die Montage erfolgt in zwei Arbeitsgängen:

● Vor dem Malen werden alle Beschläge (nach Decksplan) aufgesetzt und die Schraubenlöcher vorgebohrt.

● Dann wird gemalt, und nach dem Aushärten der Farbe werden die Beschläge angebracht.

147

Montage der Beschläge.   ▶
(A) = Durchgeschraubter Beschlag auf Holz.
(B) = Durchgeschraubter Beschlag auf Kunststoff.
Beschläge werden nach Angaben des Konstrukteurs befestigt.
(1) Für starke Belastung wird auf Holzbooten eine Verstärkung untergeleimt, sofern der Bolzen nicht durch eine Schlinge, einen Decksbalken oder ähnliche Verstärkungen läuft.
(2) Auf Kunststoffbooten wird die Verstärkung entweder durch Auflaminieren einiger Mattenlagen oder durch das Unterlaminieren einer Holzverstärkung hergestellt. Das auf diese Weise einlaminierte Holz muß vorher durch Anstrich mit Zweikomponentenlack gesperrt werden. (Bei Sperrholz reicht Haftgrund). Es wird mit einer Matte als Zwischenlage (a) aufgeklebt und mit einer weiteren Matte (b) überharzt.
(3) Die Muttern kommen entweder auf große Unterlegscheiben oder auf einen richtigen Gegenflansch.
Wird ein Beschlag nicht richtig montiert, dringt am Schraubenkopf (4) und am Flansch (5) Wasser ein, das Material quillt auf und führt wie in
(C) bei Holzbooten zu Fäulnis, bei GFK-Booten zu Haarrissen, die immer weitergammeln und den Gelcoat zerstören. Das gilt auch für Beschläge, die nicht durchgeschraubt sind. Bei durchgehenden Bolzen tropft das Wasser sogar durch.
(D) Ganz umsonst ist der Versuch, Bolzen unter Deck durch eine Mattenlage einzulaminieren, wenn von oben Wasser eindringen kann. So eine Verbindung hält nicht länger als ein Jahr, das Material quillt und die Deckschicht platzt. Unter Deck beginnt es mit der Zeit zu tropfen.
(E) Um das Gammeln über die Bohrung zu verhindern, ist es wichtig, die Löcher vor dem Malen zu bohren. Mit der Farbe kann das Loch gesperrt werden. (a) = durchgehender Bolzen, das Loch wird mit Tesa verklebt, damit die Farbe nicht durchtropft, (b) = Bohrung für Holzschraube, das Loch darf nicht zu sehr mit Farbe vollgefüllt werden, sonst bricht später die Schraube ab. Die Holzschrauben werden mit Wachs eingesetzt.
(F) Die Beschläge setzt man mit einer dauerelastischen Dichtungsmasse (grau) auf, damit sich unter dem Flansch keine Feuchtigkeit hält. Bei durchgehenden Bolzen senkt man die Bohrung etwas an und zieht dort eine dickere Dichtungsschnur aus der Kartusche auf. Eine andere Möglichkeit ist, einen O-Ring auf den Bolzen zu schieben, der dann in dem angesenkten Teil dichtet (schwarz).
(G) Die Muttern der Bolzen können entweder durch Kontermuttern (zwei gegeneinander verspannte Muttern) gesichert werden, was man meist aus optischen Gründen bleiben läßt, oder sie werden verkört. Mit einem Körner wird das Gewinde der Mutter und des Bolzens verschlagen, so daß sich diese nicht mehr lösen können.

Achtung! Löcher im Kunststoff immer ansenken, sonst entstehen Haarrisse.

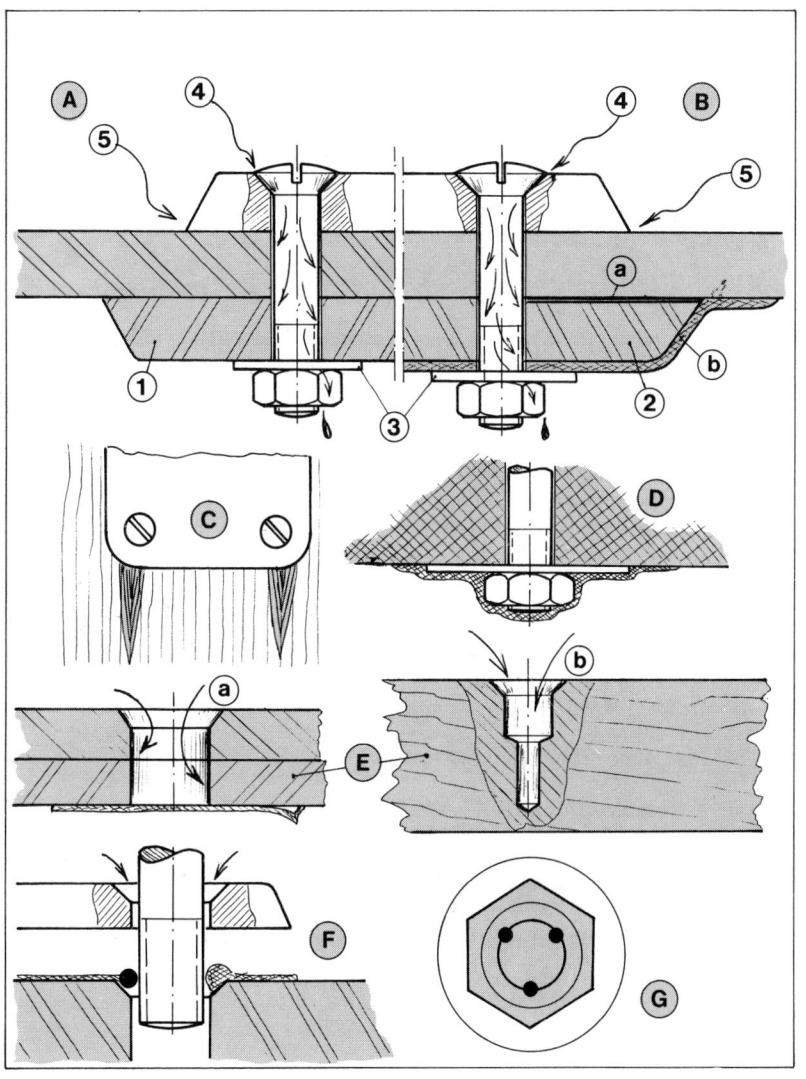

Quellenverzeichnis

Boote, die u. a. Grundlage dieses Buches waren sowie weitere Informations- ▶
quellen.

Es ist natürlich nicht möglich, eine lückenlose Marktübersicht zu geben. Diese finden Sie in Klasings Bootsmarkt international, einem Katalog, der mit über 4000 Adressen und ungefähr 1500 Booten, Baumaterial und Zubehör, jährlich im Verlag Delius, Klasing & Co., Bielefeld erscheint.

[1] *Der Bau dieser Boote ist in der Zeitschrift YACHT sehr ausführlich beschrieben.*

[2] *Neben den genannten Klassenbooten gibt es noch eine Reihe weiterer Typen, über die Sie die Klassenobleute des DSV (Deutscher Segler-Verband, Gründgens-straße 18, 2000 Hamburg 60) gerne informieren.*

[3] *Über weitere Bootsrümpfe zum Weiterbau informiert Sie der Deutsche Boots- und Schiffsbauer-Verband, Jungiusstraße Messehaus, 2000 Hamburg 36.*

Anschriften der rechts genannten Konstrukteure und Firmen:

Daily Mirror – Import: Wassersport-Michels KG, Grabenstraße 188 c, 4100 Duis-burg 1

H. Glas, Haus Nr. 90, 8081 Buch am Ammersee

Hansa-Nautic, Alter Yachthafen, 2000 Wedel

J. Kraaier – Bausatz: Bruynzeel Fineerfabriek bv, Postbus 59, Zaandam, Holland

P. Milne – Import: Brettschneider & Co., Bliesheimer Straße 42, 5042 Erftstadt-Liblar. H. Liekmeier, 4794 Paderborn – Schloß Neuhaus.

K. Reinke (Hobby-Design), Beilkenstraße 1, 2820 Bremen 70

Bootsart	Name	Länge m	Breite m	Gewicht kg	Segel/Mot. m² kW	Bauart	Konstr./Werft	Bemerkungen
Allzweckjolle	Optimist[1,2]	2,30	1,13	36	3,5/1	geplankt	C. Mills – DSV	Kindersegelboot
Allzweckjolle	Scamp	2,39	1,19	29	3,8/1	genäht	P. Milne	modernes Kindersegelboot
Beiboot	Schol	2,40	1,22	40	–/1,5	geplankt	E. G. v. d. Stadt	Spezielles Yachtbeiboot
Beiboot	Topsy	3,00	1,30	bis 63	–/3	genäht	W. Weichhold	zum Rudern und Motoren
Segeljolle	Dingo[1]	3,05	1,50	35	4,5/–	genäht	Dr. Segger	modernes Kindersegelboot
Segeljolle	Springer	3,25	1,40	60	7,2/1	genäht	J. Kraaier	als Bausatz
Allzweckjolle	Mirror 11[1]	3,30	1,40	60	6,3/2	genäht	Daily Mirror	nur als Baukasten
Segeljolle	Moth [1,2]	3,35	1,70	29	8,0/–	genäht	u. a. Dr. Segger	moderne Konstruktionsklasse
Segeljolle	Troll II	3,60	1,56	60	8,4/1,5	geplankt	H. Stichnoth	d. Bauart entsprechend modern
Familienjolle	Bounty	4,20	1,75	80	7,0/4	genäht	Sommerfeld & Thiele	Baupläne/ Baukasten**
Segelscow	Bullet	4,20	1,30	68	10/–	genäht	P. Milne	ähnlich dem Fireball
Segeljolle	Filou[1]	4,25	1,70	60	8,0/1	genäht	Dr. Segger	mit Flügeln und Moth-Rigg
Wanderjolle	Vata	4,55	1,65	110	11/3	geplankt	E. G. v. d. Stadt	hochbordig, Sluptakelung
Segeljolle	Mini-Super	4,60	1,60	120	13/3	geplankt	K. Reinke	geräumiges Plattbodenboot
Segelscow	Fireball[1,2]	4,93	1,41	90	13,5/–	geplankt	P. Milne – DSV	Internationale Klasse
Wanderjolle	Moskito	5,10	1,80	130	13/3	geplankt	H. Stichnoth	d. Bauart entsprechend modern
Diverse Klassen-Segelboote bis 6,00 m Länge, Baupläne und Informationen über DSV[2]*								
Diverse Mehrrumpfboote bis 6,00 m Länge, Baupläne und Information: H. Glas, Multihull, Dr. Segger								
Diverse formverleimte Rümpfe (vorwiegend Segelboote): E. Sommerfeld								
Motorboote und Segelboote, Information über Baupläne: VDJK[4]								
Segel- und Motorbootschalen aus Kunststoff zum Weiterbau: Hansa-Nautic[3] Diverse Boote in Epoxi-Bauweise (auch Schalen): G. Nissen, Dipl.-Ing., Blomkamp 7, 2000 Hamburg 53								
Eissegler	DN-Schlitten[1,2]	3,66	2,41	80	6,0/–	geplankt	DSV	auch als Strandsegler

Dr. Ing. J. Segger (Freizeitstudio), Junkerstraße 23, 5100 Aachen

Sommerfeld·& Thiele, Postfach 1349, Breslauer Straße 15, 2410 Mölln

E. G. van de Stadt & Partners, Zaanweg 116, Postbus 193, NL 1520 AD Wormerveer, Holland

H. Stichnoth, Hinterm Halm 15, 2820 Bremen-Lesum

Multihull International, 55 High West Street, Dorchester, Dorset, England

* Hier wäre besonders die Piraten-Jolle hervorzuheben, die als Selbstbau im Herbst 80 mit 16 Seiten in der Serie DIE WERKSTATT in der Zeitschrift BOOTE erschien.
** Die Baupläne wurden in der Zeitschrift BOOTE veröffentlicht und sind durch den Kauf der Hefte frei.

Fachliteratur

Juan Baader: Motorkreuzer und schnelle Sportboote, Verlag Delius, Klasing & Co., Bielefeld

Juan Baader: Segelsport – Segeltechnik – Segelyachten, Verlag Delius, Klasing & Co., Bielefeld

Hans Donat: Ausbau von Bootsrümpfen sowie Sicherheit und Technik auf Segelyachten, Verlag Delius, Klasing & Co., Bielefeld

Willy Empacher: Der Bau von Kunststoffbooten, Verlag Delius, Klasing & Co., Bielefeld

Flocken, Walking, Buhrmester: Lehrbuch für Tischler Teil 1, 2, 3, H. Schroedel Verlag KG., Hannover

Wilhelm Friedrich: Tabellenbuch für Bau- und Holzgewerbe, Ferd. Dümmlers Verlag, Bonn

Karl Marconi: Wie konstruiert und baut man ein Boot, Verlag Delius, Klasing & Co., Bielefeld

Reinke, Lütjen, Muhs: Yachtbau, Verlag Delius, Klasing & Co., Bielefeld

Ferdinand Thunack Holz – Westermann Tabellen, Georg Westermann Verlag, Braunschweig

Zeitschriften

YACHT, Verlag Delius, Klasing & Co., Bielefeld

BOOTE, Verlag Delius, Klasing & Co., Bielefeld

KLASINGS BOOTSMARKT INTERNATIONAL (jährlich erscheinender Katalog), Verlag Delius, Klasing & Co., Bielefeld

Sonstige Informationsschriften

Vorschriften für den Bau und die Klassifikation von Yachten (Band I und Band II), Germanischer Lloyd, Neuer Wall 86, 2 Hamburg 36

Informationsdienst Holz, herausgegeben von: Verein Deutscher Holzein-

fuhrhäuser e. V., Heimhuder Straße 22, 2 Hamburg 13;
Arbeitsgemeinschaft Holz e. V., Füllenbachstraße 6, 4 Düsseldorf Nord
DIN-Taschenbuch 60, Normen für Holzfaserplatten, Spanplatten, Sperr-
holz, Beuth Verlag GmbH., Berlin
Wandersportprogramm und Wettkampfbestimmungen des DKV: Deut-
scher Kanu-Verband, Berta-Allee 8, 4100 Duisburg

Sicherheitsrichtlinien

Germanischer Lloyd: Richtlinien für den Bau und die sicherheitstechni-
sche Ausrüstung von kleinen Wassersportfahrzeugen (1982)

Internationale und nationale Richtlinien für die Ausrüstung und Sicherheit seegehender Segelyachten der Kreuzerabteilung des Deutschen
Segler-Verbandes, Gründgenstraße 18, 2000 Hamburg 60

ICOMIA: Safety & Quality Standards

Stichwörter von A–Z